聚能装药

Физика гиперкумуляции и комбинированных
кумулятивных зарядов

伊戈尔·米宁（Минин И.В）

[俄罗斯] 奥列格·米宁（Минин О.В）　　　著

弗拉迪兰·米宁（Минин В.Ф）

徐龙堂　王　伟　林利红　李　娜　张建宇　编译

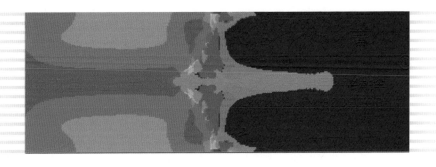

国防工业出版社

·北京·

内 容 简 介

本书是俄罗斯工程院院士、西伯利亚大学教授米宁 B.Φ 等撰写,中国人民解放军装甲兵技术研究所组织翻译的超聚能成形装药方面的著作。本书系统而全面地阐述了超聚能装药的基本概念、基本结构、作用原理及数值模拟等方面的知识,包括薄壁和超薄壁药型罩射孔弹技术、超聚能射孔弹技术、串并联式超聚能射孔弹技术、连续作用的组合式串联射孔弹技术、带波形控制器的超聚能射孔弹技术及超聚能射孔弹所用的药型罩材料。为读者提供了大量的图标及结构实例。

本书可以作为理工科院校及科研院所的弹药与战斗部专业研究生及教师的专业教材,可供从事弹药及战斗部产品开发研究的科研人员及工程技术人员参考,还可以作为石油、制造等专业设计聚能装药应用的科技人员的参考资料。

著作权合同登记　图字:军–2018–005 号

图书在版编目(CIP)数据

聚能装药/(俄罗斯)伊戈尔·米宁,(俄罗斯)奥
列格·米宁,(俄罗斯)弗拉迪兰·米宁著;徐龙堂等编
译.—北京:国防工业出版社,2022.4
ISBN 978–7–118–11976–3

Ⅰ.①聚… Ⅱ.①伊… ②奥… ③弗… ④徐… Ⅲ.
①弹药–装药 Ⅳ.①TJ410.3

中国版本图书馆 CIP 数据核字(2022)第 042825 号

※

国防工业出版社出版发行

(北京市海淀区紫竹院南路 23 号　邮政编码 100048)

雅迪云印(天津)科技有限公司印刷

新华书店经售.

*

开本 710×1000　1/16　印张 17¼　字数 311 千字

2021 年 4 月第 1 版第 1 次印刷　印数 1—1000 册　定价 158.00 元

(本书如有印装错误,我社负责调换)

国防书店:(010)88540777　　书店传真:(010)88540776
发行业务:(010)88540717　　发行传真:(010)88540762

译 者 序

聚能装药经过 100 多年的发展,已经在军用和民用领域得到了广泛的应用,逐步形成了反坦克、反轻型装甲、反舰船、反硬目标聚能装药技术,石油射孔弹技术,聚能切割技术,爆炸焊接技术,冶金除堵技术,空间分离技术以及破拆、破障聚能装药技术等,并且各个技术领域都发展出聚能装药研究、设计和生产的分支技术。传统聚能装药技术目前已经非常成熟,聚能装药战斗部的威力也基本达到极限。通过单一的战斗部结构优化、增加波形控制器、采用高能炸药、采用新型药型罩材料都很难大幅度提高聚能装药的侵彻深度和孔径。超聚能装药技术通过采用新型装药结构,提高药型罩材料的利用率,增加射流速度和直径,减小杵体直径和质量,可以有效提高射流的穿透深度和侵彻孔径。本书给出了几种常用的超聚能装药结构,着重通过数值模拟的方法介绍了超聚能形成过程中的能力传递、药型罩变形等情况。本书可供从事弹药和战斗部设计的科研人员进行参考。

本书全面阐述了超聚能射流的基本概念,介绍了常用几种超聚能战斗部的形成过程及药型罩及附加装置所采用的材料。本书共分为 6 章。第 1 章介绍了带有薄药型罩和超薄药型罩的聚能射孔弹,详细分析了为增加聚能射流的速度和药型罩利用率采用薄壁和超薄壁药型罩时存在的问题及相关的解决方案;第 2 章介绍了超聚能射孔弹,详细分析了炸药能力的传导过程,药型罩的压垮过程及射流密度、速度特性;第 3 章介绍了串并联式超聚能射孔弹技术,详细分析了串并联结构超聚能射孔弹的超聚能射流形成原理及形成过程,给出了串并联式超聚能射孔弹射流形成的能量传导、速度分布及射流密度分布特性;第 4 章介绍了连续作用的组合式串联射孔弹技术,给出了一种新型的同口径串联射孔弹结构,并对该结构的实现方法、结构匹配特性进行了详细研究;第 5 章介绍了带波形控制器的超聚能射孔弹技术,主要分析了可破裂的波形控制器对聚能射流的成形特性及采用 W 型药型罩时射孔弹射流的成形特性;第 6 章介绍了超聚能射孔弹所用的药型罩材料。

感谢在本书翻译过程中提供大力支持的姬龙高工,及参与图片编辑的李贺楠硕士,感谢尚伟博士、蔡佑尔博士给出的修改建议。

由于译者的俄文水平及知识结构有限,本书无论在内容上或编排上肯定会有很多不足之处,希望广大读者批评指正。

2021 年 10 月

目　　录

引　言

走自己的路,让别人去说吧。

——但丁·阿利吉耶里

在开拓油井和气井中的含矿层时,若要提高石油和天然气的开采效率,首先必须解决如何扩大开采通道的问题。为此,引入聚能射孔弹对含有石油或天然气的矿层进行开孔。本书将着重对实践中广泛使用的聚能射孔弹进行分析。

聚能射流技术广泛应用于国民经济的不同领域,特别是用于石油开采工业中。采用聚能结构的石油射孔弹是开拓油层和进行油井修复作业时最主要和最有效的设备。

关于聚能射孔弹的研究包括高侵深聚能射孔弹和大孔径聚能射孔弹两个方向。在聚能射孔弹的应用中,要得到最佳的射孔效果,必须同时满足高侵深和大孔径的要求。其中,射孔容积与聚能射流的能量、密度、直径和速度成比例,射孔深度与聚能射流的长度和射流与目标物材料密度之比的平方根成比例[1]。

由于聚能射流形成过程的同时会产生杵体,杵体的直径较大,在侵彻过程中可能会覆盖射孔,破坏油井与输油管道间的联通[1]。而现有的常规优化设计方法已难以提高射孔弹的穿透深度和开孔能力[1]。因此研究新的聚能装药结构和原理,从实质上增大聚能射孔弹的侵彻深度和孔径已成为当务之急。本书分析了可用于井射孔和其他领域所用聚能装药的新方法。本书的基本论点受俄罗斯联邦第 2412338 号专利保护,该专利是本书的核心。

文献[4]中,在分析聚能射孔弹分类时,M. Held 首次注意到了不同锥角金属药型罩的聚能射孔弹中聚能射流形成过程的差别。采用小锥角药型罩的聚能射孔弹可形成质量小、直径小的高速聚能射流;而采用大锥角药型罩的聚能射孔弹形成质量大和直径大的低速聚能射流。本书中也列举出了此类射流形成时的X 射线照片和不同炸高(3~8 倍聚能射孔弹直径)下的穿靶结果及其在靶板上成孔的容积和直径。本书还指出,采用大锥角药型罩的聚能射孔弹所形成的聚能射流参数是不能按已知的伯克霍夫－拉夫连季耶夫流体动力学方法计算的。遗憾的是,在文献[4]中没有列出试验所得的聚能射孔弹图像,这样就不能将数值仿真计算结果与 X 射线照片上所列出的结果比较。

1973 年,文献[7]给出了英国研制的一种聚能射孔弹,这种聚能射孔弹药型罩锥角不小于 120°,因此冲击波以接近平面波的形式入射到该药型罩顶部。其中,药型罩是用具有足够强度并能承受高拉伸应力的可塑性金属,例如 ARMCO 铁(一类含碳量很低的铁基软磁合金)。对于转速为 30r/min,弹径为 105mm 射孔弹来说,不旋转时射孔弹的穿透深度为 170mm,旋转时的穿透深度为 160mm,入孔直径为 30mm,出孔直径为 20mm。这种聚能射孔弹的穿透深度和孔径大小已通过静爆试验进行了验证。

我们对这种聚能射孔弹的穿透深度和孔径大小进行数值计算验证,计算中药型罩采用二维轴对称结构,可压缩理想流体材料模型,该材料模型的状态方程为 $D = C + L \times u$ [8-9](D 为冲击波的速度;C、L 为常数;u 为物质运动速度[15])。炸药采用理想爆轰模型。数值仿真结果用笛卡儿坐标系表示,横坐标轴(Z)沿聚能射流成形方向,而纵坐标轴(R)垂直于聚能射流成形方向。

数值仿真计算是在 B. Ф. 米宁等[10-18]基于高速粒子方法研制的 CTEPEO 系统上进行的。CTEPEO 程序系统使用人机交互的方式进行流体动力学、爆炸物理学、高速碰撞物理学中实际问题的数值计算。

图 1 为 7mm 厚的钢壳体、中心带 7mm 厚大锥角钢药型罩的聚能射孔弹。装药为黑索今/梯恩梯 50/50。

1—起爆管; 2—爆轰产物; 3—钢壳体; 4—炸药柱; 5—大锥角钢药型罩。

图 1　药柱起爆后 6.8μs 时爆轰波阵面形状

在装药起爆后 16.4μs,沿聚能射孔弹对称轴药型罩以 3.164km/s 的速度压垮,压垮角为 180°,如图 2(a)所示。装药起爆 40.4μs 后,形成头部速度为 1.415km/s 的射流,如图 2(b)所示。

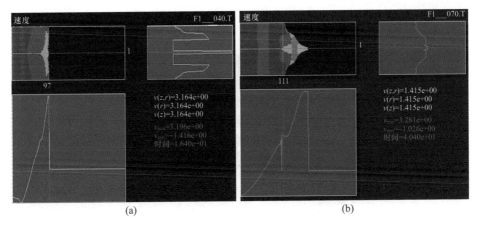

图 2　16.4μs 和 40.4μs 时刻聚能射流沿 Z 轴方向速度分布情况

数值仿真结果表明,上述聚能射孔弹形成了形态好但速度低的侵彻体。装药起爆后 77.2μs 时刻的数值模拟结果(图 3)非常好地验证了这一点。在射流拉伸过程中,其最大速度降低到 3km/s,而杵体的最小速度增大不多,为 1.437km/s。最终形成了大直径聚能射流和低速度杵体。如图 3 所示为锥形射流头部直径为 8mm,尾部的直径为 40mm,长度为 127mm。

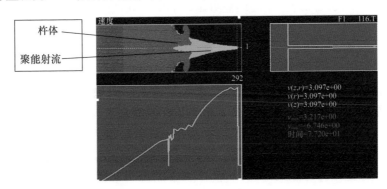

图 3　77.2μs 时射流成形情况及速度分布曲线

由于计算模型限制,不能完整展示聚能射流穿透靶板的过程。因此在确定接近药型罩焦距的位置上放置厚度为 50mm 的装甲板,这样就可以根据射流侵彻靶板的入孔尺寸确定数值传真的准确性。

如图 4 所示为聚能射流穿透装甲板的过程。在试验中,靶板上的入孔直径为 30mm[7],而数值计算的入孔直径为 34mm,较试验值大一点。直径增大是由于计算模型的靶板直径受计算条件限制引起的。在数值仿真中,近似认为靶板直径等于射孔弹直径。但是,因为仿真中靶板的约束较试验小,在穿透靶板过程中孔径会扩大。若不考虑这一点,数值仿真结果与试验结果吻合较好。

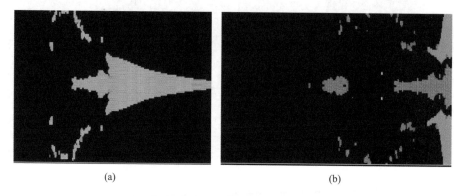

(a)   (b)

图 4 聚能射流穿透装甲板的过程

现已清楚,为什么这种聚能射孔弹结构不会影响穿透力:直径较大的聚能射流具有高强度,在药型罩压垮同时聚能射流会低速旋转,而直径较小的杆体高速旋转。由于杆体的惯性力矩小,在离心力和角速度梯度作用下会被干扰。因此,杆体不参与侵彻。

类似结构的聚能射孔弹都具有明显的不足之处,它们所形成的聚能射流最大速度低,不能穿透较厚的靶板。

20 世纪四五十年代,在研究类似结构的聚能射孔弹时,还没有这类射孔弹旋转时所产生的聚能射流 X 射线照片。这是因为此类聚能射孔弹壳体较厚,阻碍了 X 射线的穿透拍摄过程。此外,研究者失去了对旋转射孔弹的兴趣,转而开始制作滑膛炮,并广泛采用符合气动外形的炮弹结构。

文献[19]列出了同结构射孔弹射流和杆体的 X 射线照片(图 5),而在文献[18]中列出了聚能射孔弹的结构图,给出了炸药柱和药型罩的尺寸。但是并未对该类型射孔弹进行深入研究,而仅作为聚能装药结构中的失败案例进行了介绍。

文献[18]中聚能射孔弹的装药类型为黑索今/梯恩梯 50/50 的圆柱形装药,装药直径为 42mm,高度为 100mm。药型罩置于装药一端,为锥角 120°、壁厚1.73mm 的锥形等壁厚铜药型罩。

不管是在第一种情况下,还是在第二种情况下,射流质量大于杆体质量这个事实都是此类聚能射孔弹射流的成形特点。

在文献[19]中证实了此类聚能射孔弹中所形成的聚能流最大速度不可能超过 3 ~ 5km/s。

图5   文献[19]所述聚能射孔弹射流和杵体的 X 射线照片

正如后续研究证明上述结论与现实正好相反:这类聚能射流的速度实际上可能大于传统聚能中所得到的射流速度。文献[19]还指出,此类装药结构对于铝合金和铜药型罩是可行的,并给出了这种聚能射孔弹在实践中没有应用前景的推测。

为了研究导致聚能射流由细到粗的转变的原因,首先对这个聚能射流的成形进行数值模拟。在所模拟的聚能射孔弹中,装药材料采用密度为 1.71g/cm^3 的 50/50 黑索今/梯恩梯型炸药,药型罩材料采用铜。射孔弹采用尺寸为 4mm × 4mm 的石蜡立方块,以 10km/s 速度冲击炸药起爆。

聚能射孔弹起爆时聚能射流形成过程的计算模拟结果如图6～图9所示。如图6(b)所示为爆轰波接近药型罩顶部时的形态图。爆轰波峰值压力约为50GPa,而在爆轰波阵面后的高压区压力达 10GPa 以上。

从图6(b)的数值模拟结果可知,尽管用于形成平面爆轰波的药柱纵向尺寸很大,爆轰波依然不是平面波。

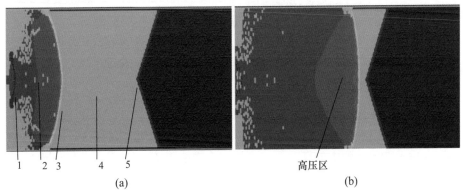

1—起爆管; 2—炸药爆炸产物; 3—爆炸波锋; 4—炸药药柱; 5-药型罩。

图6   (a)数值计算模型(b); $9.2\mu\text{s}$ 时刻爆轰波压力等值线

在爆轰波和爆轰产物作用下,药型罩获得纵向(水平)速度分量(v_z)和径向速度分量(v_r),碰撞后就形成传统的聚能射流和杵体。此时,聚能射流的最大速度为4.125km/s,而杵体的最大速度约为1.7km/s。

在聚能射孔弹起爆开始14μs时刻,压垮到轴线上的药型罩材料压垮角接近180°。压力值为1~2GPa的爆轰产物沿药型罩对称轴聚集在药型罩中心区并对其加速。如图7(a)所示,在药柱起爆后14.80μs时,药型罩达到180°压垮角并向前运动,同时减小药型罩表面后的爆轰产物压力。从成形过程可以看出,在这个截面中没有反向运动的聚能射流,仅有以小速度运动的杵体,杵体的最小速度为1.736km/s,杵体的直径比聚能射流大,但是药型罩在聚能射孔弹轴线上的压垮角超过180°。

聚能射孔弹中爆轰产物的高压区在药柱近轴区域并作用于药型罩中心区。如图7(b)所示为等压线压力区范围为1~4.9GPa。高压区集中在对称轴线上。

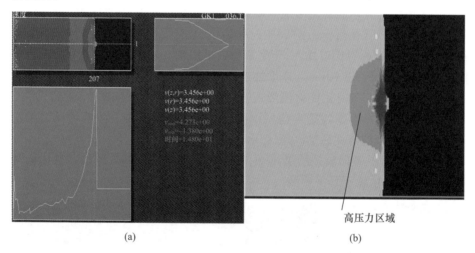

高压力区域

(a)   (b)

图7   药柱起爆14.8μs后的速度曲线图(a)和等压线图(b)

经过一段时间,聚能射孔弹对称轴上的药型罩压垮角就变得大于180°,出现用来形成射流的药型罩流动区,如图8(a)所示。在爆炸产生的爆轰产物和冲击波作用下,药型罩轴向部分运动比其外围部分快。如图8(b)为起爆17.2μs后聚能射孔弹中的径向等速度线图。聚能射流半径(质量)开始增大,射流的头部速度也增大,可达到4.24km/s。

如图9所示为聚能射孔弹起爆24.4μs后的径向等速线。在图上可看出,药型罩微元持续压垮形成射流,药型罩微元压垮角增大。在这种情况下,杵体的直径就变得比所形成的射流直径小。射流最大速度为4.133km/s。杵体速度为1.794km/s。

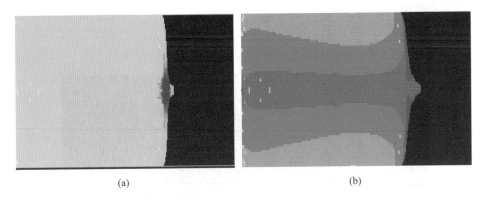

(a)　　　　　　　　　　　(b)

图8　药柱起爆后15.6μs时药型罩材料流动区(a)和17.2μs时径向等速线图(b)

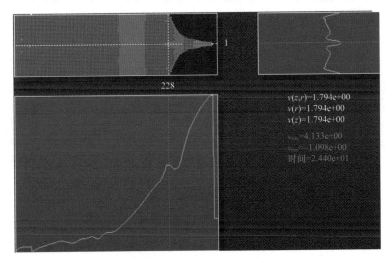

图9　聚能射孔弹起爆24.4μs后的径向等速线

　　然而,在文献[19]中既没有所形成高速物体清晰的 X 射线照片,也没有所形成的物体形状随时间变化的数据,更没有指明所形成射流的速度。很久后,在文献[20]中引用了同样的聚能射孔弹 X 射线照片,其钢外壳厚度为 1.5mm,药型罩厚度为 2mm(图10)。

　　在起爆后 30μs 时,这种聚能射孔弹所形成的聚能射流形状如图 11(a)所示。30μs 时,聚能射流具有 Z 方向最大速度,v_z 为 4.361km/s。55μs 时,试验测量的速度[2] v_z = 4.2km/s ± 0.2km/s。计算得到的杵体最大速度为 1.574km/s,试验得到的杵体最大速度为 1.5km/s ± 0.1km/s。在 30μs 时,聚能射流最大直径为 12mm,在 45.6μs 时刻,聚能射流最大直径为 10mm,见图 11(b)。到 80μs

时,聚能射流的直径减小了。试验中,从爆炸时刻起 80μs,聚能射流的最大直径为 8mm。

计算和试验所得的沿聚能射流对称轴的速度梯度接近线性。

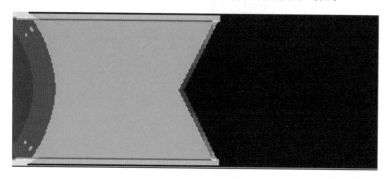

图 10　钢外壳、锥角为 120°、铜药型罩厚度为 2mm 的聚能射孔弹结构图

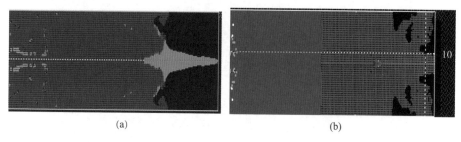

(a)　　　　　　　　　　　　　　　(b)

图 11　射孔弹起爆 30μs(a)和 45.6μs(b)后的聚能射流形态

聚能射流的最大速度为 4.361km/s,试验中[20]为 4.2km/s±0.2km/s。杵体的最大速度为 1.574km/s,试验中为 1.5km/s±0.1km/s。聚能射流的最大直径为 12mm。45.6μs 时聚能射流的最大直径为 10mm。所列出的结果表明,计算试验与实际试验吻合得相当好。

计算和试验结果表明,将药型罩压垮角增大超过 180°就会形成射流直径大于杵体直径的聚能射流。在这个过程中没有反向聚能射流。

反向射流不存在于实际的聚能射孔弹中,而是在以无附加物作用的爆轰产物计算聚能射流的方法出现。在随后的各章中将较详细地分析这个过程。

前面的试验和数值结果[19-20]表明,聚能射流成形时可得到大质量的射流及小直径、小质量的杵体。然而射流的头部速度相当小,因而为了使其拉长以保障有足够大的穿透深度,必须增大聚能射流的最大速度。为了得到与传统聚能装药相同的射流速度特性,应选用爆炸驱动能大的炸药。

但是,到目前为止,由于油气工业中无这种炸药,这就迫使我们在使用现有炸药的前提下,调整聚能射孔弹的结构设计。

为了解决增大聚能射流最大速度的问题,就要对聚能装药的结构进行优化。药型罩压垮角大于180°,聚能射孔弹中射流的形成机理将在随后各章中较详细研究。

具备上述结构和性能特点的聚能射孔弹还具有巨大的应用价值。但在本书中不作更详细的描述。

本书的主要研究内容:证明所述聚能射孔弹存在的可能性并进一步进行研究。考虑到在这种聚能结构下,聚能射流不再是细长金属流体,它的尺寸形状,取决于整体装药结构。研究中出现了在拉夫连季耶夫 M. A. 伯克霍夫传统聚能作用理论[5-6]中不存在的许多新因素。在这种大锥角药型罩条件下,附加装置通过改变爆轰产物的传播方式对聚能射流产生影响,这是在拉夫连季耶夫 M. A. 伯克霍夫理论中未考虑到的。

这种超聚能射孔弹中的聚能射流速度可能远远大于传统聚能射孔弹中药型罩材料所允许的速度极限。在小锥角药型罩结构中,分析了在聚能射孔弹中采用各向异性金属药型罩的可能性。然而,对于超聚能射孔弹来说,不能采用连续介质力学方法来计算各向异性药型罩。

在进行研究的过程中发现,与这类超聚能射孔弹有紧密内在联系的是组合射孔弹-串联式装置[2,18,21-23]及与其接近的结构,在本书中也注意到了这个问题。

为了描述方便,后面我们将不带附加装置的药型罩和在聚能对称轴处药型罩压垮角小于180°的聚能过程称为传统聚能作用。而将压垮角大于或等于180°并形成聚能射流,其最大速度接近或大于传统速度,射流直径大和杆体直径小(不超过射流直径),或者无杆体时的聚能过程称为超聚能作用。将实现这种超聚能方式的聚能射孔弹称为超聚能射孔弹[2,18,21-23]。正如后续研究证明,这个名称是合理的,因为这类聚能射孔弹能形成质量和最大速度远超现有的传统聚能射孔弹的聚能射流,且能减小的杆体质量和直径。传统聚能射孔弹射流的最大速度局限在于气体动力学极限(形成射流时对药型罩材料的极限压缩)。这个极限限制着传统聚能射孔弹的射流最大速度,其取决于药型罩物质和射孔弹的形状。在超聚能射孔弹中,聚能射流的最大速度可能远大于气体动力学速度极限,也就是说,超聚能射孔弹可拥有大得多的聚能射流有效装药和冲量。如果说在传统的聚能作用中,炸药的能量都用在形成杆体和射流上,且不超过四分之一的药型罩质量用在形成射流上。那么,在超聚能作用中,药型罩可能仅用在形成给定参数的射流上,而且射流的质量可依靠附加装置额外增大。因此,在超聚能作用中,形成同样的射流就需要很小的能量。但是这个需要在一个或几个附加装置作用下才能发生[2,24]。

超聚能射孔弹是由许多在爆炸过程中彼此相互作用的构件组成的复杂结构。聚能射孔弹各构件对聚能射孔弹整体结构形成射流的影响这是本书研究的主要对象之一。本书的主要目的就是建立聚能射孔弹的设计原理,所研究的聚能射孔弹直径不超过 60mm,主要将以仿真计算形式通过可压缩的理想流体模型开展研究。这种研究方法的实用性是毫无疑问的,但应着重研究聚能作用的流体动力学阶段。

参 考 文 献

1. Вицени Е. М. Кумулятивные перфораторы, применяемые в нефтяных и газовых скважинах [Текст]/ Е. М. Вицени. – М. : Недра, 1971. – 144с.

2. Патент 2412338 Российская Федерация, МПК E43/117, F42B1/02. Способ и устройство (варианты) формирования высокоскоростных кумулятивных струй для перфорации скважин с глубокими незапестованными каналами и с большим диаметром [Текст]/Минин В. Ф. , Минин И. В. , Минин О. В. ; заявл. 07. 12. 2009; опубл. 20. 02. 2011, Бюл. №5. – 46с.

3. Минин И. В. Мировая история развития кумулятивных боеприпасов [Текст]/И. В. Минин, О. В. Минин: Российская научно – техническая конференция 《 Наука. Промышленность. Оборона》, 23 – 25 апреля 2003 г. – Новосибирск: НГТУ. – с. 51 – 52.

4. M. Held. The performance of the different types of conventional high explosive charges [Текст]/M. Held: 2nd Int. Symp. On Ballistics, Daytona, 10. 3. 1976.

5. Birkhoff G. Explosives with lined cavities[Текст]/Birkhoff G. , Mc Dougall D. , Pugh E. , Tailor G. //Journ. of Appl. Phys. – 1948. – Vol. 19, – p. 563 – 582.

6. Лаврентьев М. А. Кумулятивный заряд и принцип его работы [Текст]/М. А. Лаврентьев //Успехи математических наук – 1957 – т. XII – вып. 4. – c. 41 – 56.

7. Пат. № 1604010(Англия). Усовершенствования кумулятивных боеприпасах [Текст], 1973.

8. Балаганский И. А. Действие средств поражения и боеприпасов [Текст]: Учебник /И. А. Балаганский, Л. А. Мержиевский. – Новосибирск: НГТУ, – 2004. – 408с.

9. Физика взрыва [Текст]/Под редакцией Л. П. Орленко – М. : Физматлит, 2004. – т. 2. – 656с.

10. Минин В. Ф. Разработка и реализация метода численного моделирования нестационарных течений многокомпонентных сжимаемых сред на мультипроцессоре ПС – 2000 [Текст]/В. Ф. Минин, С. Я. Виленкин, Б. П. Крюков и др. – М. : Институт проблем управления. – 1989 – 28с.

11. Минин В. Ф. Численное моделирование нерегулярного отражения ударных волн в конденсированных средах [Текст]/В. Ф. Минин, А. В. Бушман, А. П. Жарков и др. М. : АН СССР, отделение ордена Ленина института химической физики, Черниголовка. – 1989. – 71с.

12. Минин В. Ф. О численном моделировании газодинамических явлений в конических мишенях [Текст]/ В. Ф. Минин, А. В. Бушман, И. К. Красюк и др. М. : ИВТАН, Препринт № 6 – 278. – 1989. – 42с.

13. Минин В. Ф. Кумулятивные явления при импульсном воздействии на конические мишени [Текст]/ В. Ф. Минин В. Ф. , А. В. Бушман, И. К. Красюк и др. //Письма в ЖТФ. – 1988. – т. 14. – в. 19. – . 1765 – 1769.

14. Минин В. Ф. Теплофизические и газодинамические проблемы противометеоритной защиты космического аппарата 《Вега》 [Текст]/В. Ф. Минин В. Ф. , В. А. Агурейкин, А. В. Бушман и др. // ТВТ – 1984. – т. 22. – № 5. – c. 964 – 983.

15. Minin V. F. The calculation experiment technology [Текст]/V. F. Minin, I. V. Minin, O. V. Minin //Proc. of the Int. Symp. On Intense Dynamic Loading and its Effects. Chengdu, China, June 9 – 12, 1992. – p. 431 – 433.

16. Минин В. Ф. Технология вычислительного эксперимента [Текст]/В. Ф. Минин, И. В. Минин, О. В. Минин //Математическое моделирование – 1992. – т. 4. – № 12. – . 65 – 67.

17. Минин В. Ф. Численное моделирование нестационарных высокоэнергетических процессов с использованием реальных уравнений состояния металлов [Текст]/В. Ф. Минин и др. //сб. 《Исследования свойств вещества в экстремальных условиях》, М. : РИСО ИВТ АН СССР, – 1989.

18. Computational fluid dynamics. Technologies and applications [Текст]/Ed. By Igor V. Minin and Oleg V. Minin. Croatia: INTECH – 2011. – 396 p. V. F. Minin, I. V. Minin, O. V. Minin Calculation experiment technology, pp. 3 – 28.

19. Титов В. М. Возможные режимы гидродинамической кумуляции при схлопывании облицовки [Текст]/В. М. Титов //Доклады Академии наук СССР. – 1979. – т. 247. – т. 247. – № 5. – с. 1082 – 1084.

20. Сильвестров В. В. Влияние скорости деформирования на прочность медной кумулятивной струи при её растяжении. [Текст]/В. В. Сильвестров В. В. , Н. Н Горшков //Физика горения и взрыва. – 1977. – т 33. – N 1. – с. 11 – 118.

21. Минин В. Ф. Физика гиперкумуляции и комбинированных кумулятивных зарядов [Текст]/В. Ф. Минин, И. В. Минин, О. В. Минин //Нефтегазовые технологии – 2011. – N 12 – с. 37 – 44.

22. Минин В. Ф. Физика гиперкумуляции и комбинированных кумулятивных зарядов [Текст]/В. Ф. Минин, И. В. Минин, О. В. Минин //Нефтегазовые технологии – 2012 – N 1 – с. 13 – 25.

23. Minin V. F. Physics Hypercumulation and Combined Shaped Charges [Текст]/V. F. Minin, O. V. Minin, I. V. Minin //11th Int. Conf. on actual problems of electronic instrument engineering (APEIE) – 30057 Proc. 2rd – 4th October – 2012 – v. 1, NSTU, Novosibirsk – 2012 – p. 32 – 54. IEEE Catalog Number: CFP12471 – PRT ISBN:978 – 1 – 4673 – 2839 – 5.

24. Минин В. Ф. Физика гиперкумуляции и комбинированных кумулятивных зарядов [Текст]/В. Ф. Минин, И. В. Минин, О. В. Минин //Газовая и волновая динамика – 2013. – Выпуск 5, с. 281 – 316.

第1章 带有薄药型罩和超薄药型罩的聚能射孔弹

聚能射孔弹中的炸药被引爆后,由于附加装置的存在,改变了爆炸产生的爆轰波的传播方向,使药型罩的压垮角接近甚至大于180°,从而提高射流速度,增加药型罩的利用率。为满足大穿透深度的使用需求,对于直径大于30~50mm射孔弹,其药型罩结构设计具有重大意义。在文献[1-7]中,只研究了大锥角药型罩条件下粗聚能射流和细杆体的形成过程。故而,我们针对壁厚约为传统聚能作用中药型罩射流形成层厚度的薄药型罩作进一步研究。那么,就存在薄药型罩壁厚可能大于射流形成层并同时保持射流特性的某一过渡区。

在这类聚能射孔弹中,尽管药型罩的厚度小,也有聚能射流最大速度值小的问题,这样的速度值不可能将射流有效拉长,进而增大侵彻深度。增大聚能射流速度的途径之一就是通过减小药型罩质量来提高射流的头部速度。然而它不足以用来提高射孔的效率。

对于薄药型罩聚能射孔弹,在药型罩压垮角从小于180°过渡到大于180°时,集中在对称轴附近的药型罩顶部的爆轰产物高压区具有很大作用,这个高压区会对药型罩中心加速,增大药型罩各部分在聚能对称轴上的压垮角[8-12]。与传统射流成形模型比较,在爆炸时还出现了一种与药型罩相互作用的物体(炸药爆轰产物)。薄药型罩后的爆轰产物保持并在很大程度上决定形成压垮药型罩微元的高压区,其取代了厚药型罩中起着相同作用的杆体材料。但是,杆体的材料密度通常都远大于爆轰产物的密度,杆体的速度较小,它不能大幅改变药型罩的压垮角。薄药型罩压垮时的压力区会加速射流成形,并能增大对称轴上药型罩材料的压垮角。后面将在射流形成区附加高密度物体以保持射流粒子在药型罩对称轴线上碰撞时所需的压力值,并利用这一方法获得采用薄药型罩时聚能射流的最大速度[8-12]。

首先研究易于观察射流成形特点的铝这类密度较轻金属药型罩,然后研究铜、钢和其他密度较高的金属药型罩射流成形情况。此过程不仅要考虑加工超薄壁药型罩的工艺问题,而且还要考虑消除在压垮超薄药型罩时所形成射流的稳定性问题。研究薄药型罩具有重要的工程意义,因为采用现有的炸药驱动大密度的聚能射流通常困难,只好减少药型罩中的金属质量,以便进行匹配设计。

如图 1.1 所示为聚能射孔弹仿真模型,在高速铝板与炸药碰撞下,炸药爆轰形成平面爆轰波。炸药采用密度为 1.66g/cm³ 的钝化黑索今,其材料模型为理想爆轰模型。聚能射孔弹药型罩采用锥角为 90° 和壁厚为 0.35mm 的铝药型罩。聚能射孔弹装药直径为 40mm,长度为 30mm。

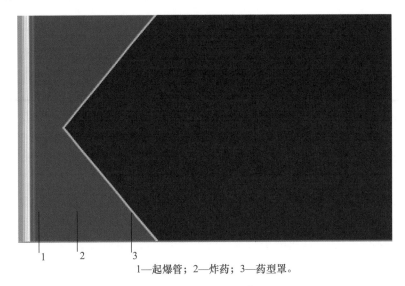

1—起爆管;2—炸药;3—药型罩。

图 1.1 聚能射孔弹仿真模型

假设,在这类聚能射孔弹中薄药型罩的壁厚接近相同材料的厚药型罩中的射流形成层的厚度。

炸药起爆后 0.8μs 时刻药柱中爆轰作用过程如图 1.2(a)所示。爆轰波最大压力为 48.57GPa,爆轰产物的压力为 29.68GPa。炸药药柱爆轰后 1.8μs 就开始形成如图 1.2(b)所示的常规聚能射流和杵体。由图 1.2(b)所示的速度 v_z 沿药柱对称轴线的分布曲线图可得:聚能射流头部速度小于最大速度,分别为 8.253km/s 和 8.525km/s。也就是说,聚能射流具有反向速度梯度。

在引爆后 2.4μs 时刻,聚能射流的直径已等于杵体的直径,聚能射流的最大速度增大到 9.3km/s,如图 1.3(a)所示。在药柱引爆后 3μs 时刻,爆轰过程就完成了。此时,聚能射流的直径大于杵体的直径,而它的最大速度逐渐增大并达到 10km/s,如图 1.3(b)所示。聚能射流中的反向速度梯度依然保持不变,梯度值几乎达到 1km/s。

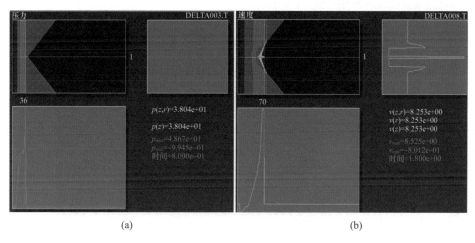

图 1.2　药柱起爆后 0.8μs 时刻炸药药柱中平面爆轰波的形成(a)、
1.8μs 时刻沿药柱对称轴线的压力曲线和聚爆轰产物所形成的
射流的轴向速度(v_z)线图(b)

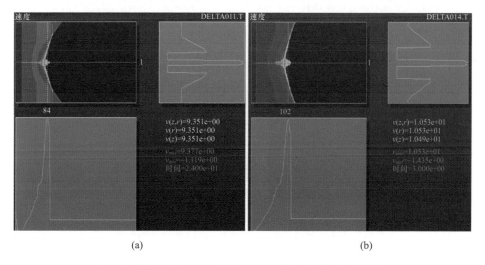

图 1.3　药柱起爆 2.4μs(a)和 3.0μs(b)时刻聚能爆轰产物
和药型罩状态及射流的速度(v_z)曲线图

　　图 1.4 表明,在药型罩顶部的聚能对称轴附近出现炸药爆轰产物压力聚集。而在药柱的内环区域也形成了高爆轰产物压力区。

　　如图 1.5(a)所示为药型罩材料流的径向速度等压线。由图中可看出,在 3μs 时刻,进入聚能射流中的药型罩材料比进入杆体中的多。

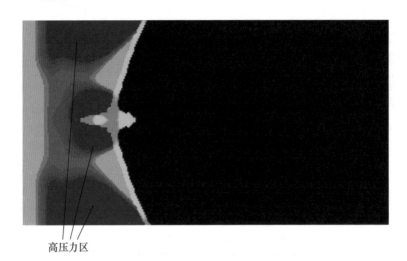

高压力区

图 1.4 药柱起爆后 3.0μs 时刻药型罩材料的流动情况(6~9GPa 的压力等水平线分布图)

如图 1.5(b)所示为主要形成聚能射流的药型罩结构。在爆轰波作用下药型罩材料被分配给射流和杵体,当对称轴线方向爆轰产物的压力最大时,聚能射流出现粗大的矩形头部。

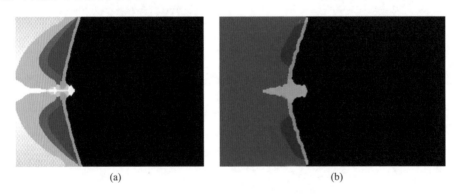

(a)   (b)

图 1.5 药柱起爆后 3.0μs 时刻(a)和 3.6μs 时刻(b)爆轰产物和聚能药型罩形态图

这种头部形状的形成通常是杵体与聚能射流迅速分离造成的。如图 1.6 所示,在速度(v_z)与 z 关系曲线图上,该头部形状的形成与速度拐点、材料低速流动区位置相关。由图 1.6 也可看出,射流矩形头部出现的同时,药型罩开始失稳,其表面形状发生变化。如图 1.6 所示压力等水平线的压力范围为 6~9GPa。不难看出,高压区沿聚能对称轴分布。

药型罩的失稳导致有规律的压垮过程被破坏,使射流成形特性变得复杂。虽然表面上高速粗大射流和低速细小杵体的形成过程还在持续。但由于压垮过程的不稳定性,药型罩变为波纹状,这也反映在聚能射流和杆体的形状上,如图 1.6 所示。

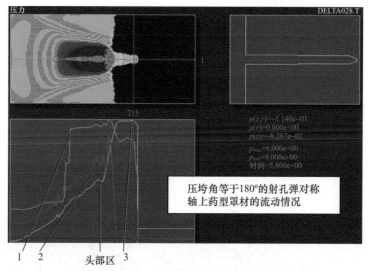

1—密度曲线图；2—压力曲线图；3—速度曲线图(v_z)。

图 1.6　铝射流碰撞 5.8μs 时刻聚能射孔弹药型罩材料流动和
速度(v_z)、压力及密度沿轴线的分布情况

此时,聚能射流的最大速度为 11.1km/s,而杆体的最大速度为 4.8km/s。炸药爆轰产物的最大压力(图上较暗的颜色)集中在聚能射孔弹中部并作用于药型罩,从而增大对称轴上药型罩材料的压垮角。

从材料密度沿聚能对称轴的分布图可看出,杆体材料密度远大于聚能射流材料的密度。沿对称轴的杆体材料密度不小于 $3g/cm^3$,而聚能射流的密度约为 $2.7 \sim 2.6672g/cm^3$。在从高压区进入正常的低压力区后,射流材料密度的减小是与其压力相关的。射流材料密度最大值与压力最大值的对应位置相同。

在这里,指出超聚能射孔弹中炸药爆轰波波阵面形状的作用。当波阵面形状表现为压缩波作用时,用轻金属形成高密度的聚能射流是比较快的。而当波阵面形状表现为稀疏波作用时,聚能射流的最大速度实质上是减小了。

例如,在与上面装药结构参数相同,但装药高度较大(将药柱长度增大10mm)的射孔弹中,使射孔弹在对称轴上单点起爆,形成聚能射流。射流的最大速度为 7km/s,而不是原结构中的 10km/s。射流的最大速度是这些物理过程中主要研究内容之一,采用点起爆引爆聚能装药的情况会单独进行研究。

上面研究表明,聚能对称轴上药型罩材料压垮角从小于 $180°$ 过渡到大于 $180°$ 过程中起主要作用的是集中在聚能对称轴附近的炸药爆轰产物压力,而起决定性作用的是药型罩的厚度。

在这类聚能射孔弹中弹体外壳是很有帮助的,它不允许凝聚的炸药外层因自由面和爆轰产物的相互作用而飞散,可以将药型罩外的炸药爆轰产物压力保持更长时间。同时,最好能确定稀疏波在形成高压力区时的作用,以及高压区如何加速药型罩中部并使聚能对称轴罩材料压垮角增大并超过 $180°$。

此外,为了消除药型罩表面形状对射流成形不稳定性的影响,必须增大药型罩的厚度。将铝药型罩的厚度增大到 0.7mm(聚能射孔弹直径的 1.59%)。聚能射孔弹外壳为厚度 2mm 的钢壳。这样一来,聚能射孔弹的总直径就等于 44mm。如图 1.7 所示为聚能射孔弹结构模型和聚能射孔弹引爆 $0.8\mu s$ 后的爆轰波波阵面形状。

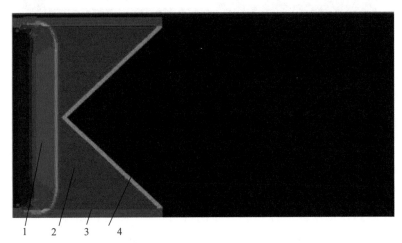

1—爆轰产物;2—炸药;3—钢壳;4—药型罩。

图 1.7 聚能射孔弹结构模型和聚能射孔弹引爆 $0.8\mu s$ 后的爆轰波波面形状

如图 1.8 所示,当杵体质量大于射流质量时,就开始了以传统聚能方式形成聚能射流的过程。聚能射流的最大速度等于 9.5km/s,射流头部的速度为 8.8km/s,也就是说,聚能射流具有反向速度梯度。在聚能射流截面中,射流对称轴上的速度最大。

在射孔弹引爆 $4.6\mu s$ 后,药型罩就超出外壳的范围,在射孔弹的外壳与药型罩之间的间隙处就形成稀疏波。同样,在外壳破裂的起爆端,炸药爆轰产物中也形成了稀疏波。在对称轴上的射孔弹中心区域形成了高压区,这个高压力作用于药型罩的中心区并增大药型罩 v_z 方向速度分量(图 1.9(a))。

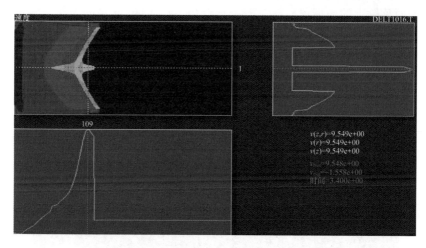

图 1.8　射孔弹起爆 3.4μs 后的射流形态及沿着对称轴的速度(v_z)曲线

如图 1.9(b)所示为在相应时刻径向速度(v_r)等水平线的分布,从这个分布可以看出,药型罩材料垂直于对称轴压垮形成聚能射流和杵体。这段时间间隔内,在杵体上形成了颈部,这个颈部表明射流和杵体的药型罩材料分配是以爆轰产物作用于药型罩后在射孔弹轴线上的 180°压垮角位置为界的。

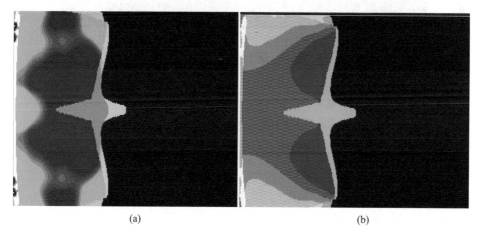

(a)　　　　　　　　　　　　　　(b)

图 1.9　射孔弹起爆后 4.6μs 时聚能爆轰产物和药型罩材料的流动情况
(a) 1.5 ~ 2GPa 范围的等压线；(b) 径向速度(v_r)等水平线,高压力区用较深的颜色标出。

如图 1.10 所示为射孔弹起爆后 6.0μs 时刻聚能爆轰产物形态、射流轴向速度(v_z)曲线图以及沿聚能射孔弹轴线的压力曲线图和密度图。所形成的聚能射流直径远大于杵体的直径,并在杵体与射流相接的位置形成了颈部,这个颈部是汇聚至对称轴上的药型罩材料在180°压垮角下产生的,此刻的聚能射流最大速度为9.424km/s。

　　沿聚能射流轴向速度(v_z)曲线图表明,在射流的头部,射流的反向速度梯度不大,在速度曲线图上可看到与颈部形成相关的速度值拐点。在药型罩外的对称轴上依然保留着高压区。如图1.10所示为0.9~2GPa范围内的等压线。射流对称轴上的聚能射流密度最小。沿聚能对称轴,杆体的密度依然大于聚能射流的密度,分别等于2.8g/cm³和2.7g/cm³。

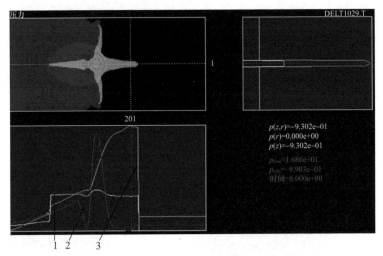

1—密度图;2—压力曲线图;3—速度v_z曲线图。

图1.10　射孔弹起爆后6.0μs时的爆轰产物和药型罩材料,沿射
孔弹轴线的速度曲线图(v_z)、压力曲线图和密度图。
所示云图为0.9~2GPa范围内的压力等水平线

　　射孔弹起爆35.6μs后,聚能射流中的速度v_z反向梯度已消失,所形成的聚能射流最大速度为9.3km/s。杆体的密度和聚能射流的密度相等,大约等于正常条件下的铝密度。

　　如图1.11所示为射孔弹起爆后35.6μs时刻爆轰产物、药型罩材料形态及径向速度(v_r)等速线。实际上药型罩大部分材料转为聚能射流。在杆体上可清晰看到汇聚在聚能对称轴上药型罩材料压垮角为10°时所产生的颈部。

　　如果药型罩的壁厚极薄,那么实现药型罩材料压垮角大于180°的碰撞过程就相当容易。但是,若药型罩过薄,与传统聚能方式相比所形成聚能射流的质量就不大。

　　药型罩材料压垮角大于180°的碰撞过程受两个方面因素的制约:薄药型罩

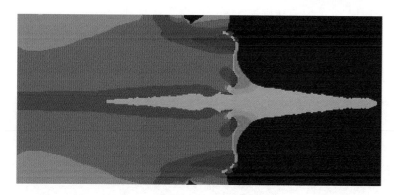

图 1.11　射孔弹引爆后 35.6μs 时爆轰产物、药型罩材料形态及径向速度(v_r)等速线

的制作工艺和爆轰产物压垮薄药型罩时药型罩自身的稳定性。

　　此类聚能射孔弹通过减小药型罩的壁厚来减小杵体的直径,避免了杵体对射孔通道的堵塞作用。然而,减小药型罩的壁厚度就会导致聚能射流质量减小。

　　聚能射孔弹采用壁厚接近传统聚能作用中射流形成层厚度的薄药型罩,就有可能在与传统聚能作用相同的药型罩锥角条件下得到超聚能射流。在这种情况下,形成聚能射流的金属质量随药型罩的母线长度的增大而增大。实际上,对于直径大约为 40mm 的聚能射孔弹,药型罩顶部的壁厚大约为 0.4~0.5mm。

　　如图 1.12 所示为无外壳的聚能射孔弹结构示意图,炸药采用密度为 1.75g/cm³ 的奥克托今。炸药用能形成平面爆轰波的起爆管引爆。仿真计算中网格的大小为 4 个网格/mm²。聚能射孔弹的直径为 40mm,药型罩锥角为 38°。

　　在图 1.12 上可看到未爆轰的并被爆轰产物所抛射的外层炸药。对于小直径的聚能射孔弹,这是炸药损失,最终导致炸药量不足。因此,保持炸药的外壳是必需的。

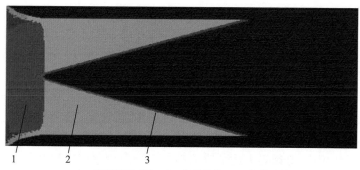

1—炸药爆轰产物；2—炸药药柱；3—铝药型罩。

图 1.12　装药结构示意图

如图 1.13 所示为药柱爆炸 5.8μs 时爆轰产物和药型罩的形态及沿对称轴的速度 v_z 曲线图。薄药型罩形成聚能射流和直径远小于聚能射流直径的杆体。所形成的聚能射流最大速度为 12.77km/s。仿真结果表明,在与传统聚能作用相同的小锥角药型罩条件下可形成粗射流和细杆体。

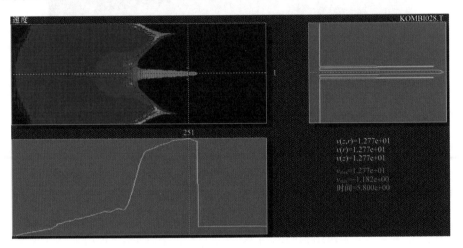

图 1.13 起爆 5.8μs 时爆轰产物和药型罩的形态及
沿对称轴的速度 v_z 曲线图

对于密度较高的金属,例如,由铜制造的药型罩,在射孔弹直径确定的条件下,药型罩的壁厚度不仅与工艺原因有关,而且与药型罩在爆炸压垮时失稳而使药型罩材料在对称轴处以大于 180° 压垮角压垮时不能形成收敛的射流有关。为了实现在聚能爆炸时出现类似以前所研究的高密度材料流动,必须增大聚能射孔弹的直径,但药型罩壁厚与直径的比值范围保持不变。

我们来研究一个带较重金属药型罩的聚能射孔弹,例如,钢药型罩聚能射孔弹。其中,聚能射孔弹药型罩直径为 120mm,最小壁厚为 2mm 和最大壁厚为 5mm。所用炸药为奥克托今,采用端面起爆的起爆方式。对于这种直径的聚能射孔弹,药型罩壁厚也是较小的。射孔弹装药结构如图 1.14 所示,如图 1.15 所示为 21.2μs 时材料的流动情况。

在这个聚能爆炸过程中也形成了粗大的聚能射流,且几乎没有杆体。聚能射流的速度达到 7.4km/s。在射孔弹直径较大的条件下,高密度的材料也可以形成超聚能射流。例如,铜制薄药型罩形成的超聚能射流。但是,与带钢药型罩的聚能射孔弹相比,必须增大药型罩的锥角。铜药型罩聚能射孔弹结构模型如图 1.16 所示。

对称轴位于药型罩中心的药型罩最小壁厚为 1.5mm,最大壁厚为 6mm 左

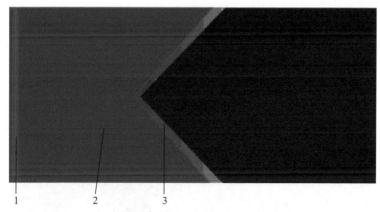

1—炸药爆轰产物；2—炸药；3—钢药型罩。

图 1.14　聚能射孔弹模型

图 1.15　21.2μs 时材料的流动情况

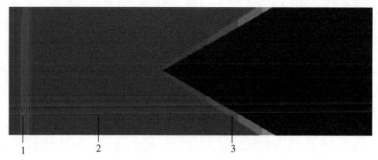

1—爆轰产物；2—炸药；3—铜药型罩。

图 1.16　铜药型罩聚能射孔弹结构模型

右。药型罩的内锥角等于98°。起爆后12.4μs,就形成聚能射流和杆体,如图1.17所示。药型罩在对称轴上的最大压力为40GPa左右。如图1.17所示为分配给杆体和射流的药型罩材料反向流动阶段35~40GPa范围内的等压线。

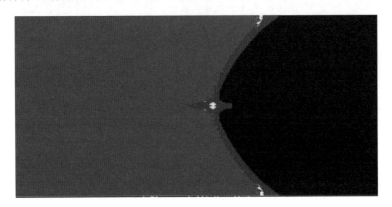

图1.17　12.4μs时材料的流动过程(所示云图为35~40GPa范围的等压力线)

如图1.18(a)所示为14.8μs时刻爆炸材料的流动情况,所示云图为9~10g/cm³范围内的密度等水平线及云图中标志线所示截面的压力曲线图。24μs时药型罩材料的流动情况如图1.18(b)所示。在药型罩材料和爆轰产物时对称轴上的最大压力减小了。爆轰产物中的高压区形成某一附加装置,这个附加装置被药型罩材料环绕并最终形成聚能射流。

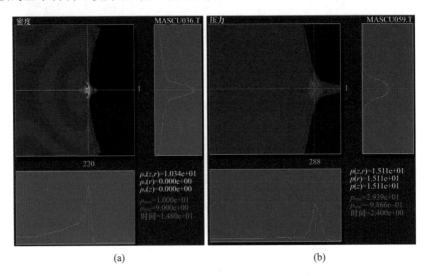

(a)　　　　　　　　　　　　　(b)

图1.18　14.8μs(a)和24μs(b)时材料的流动情况(9~10g/cm³范围内等密度线分布图)
和标记点压力分布(a)及等压线和标志点的截面中压力曲线(b)

上述过程表明,顶部为锐角的薄壁药型罩压垮后可形成超聚能射流。在这类射孔弹中,金属药型罩的壁厚接近传统厚药型罩中的射流形成层的厚度。

聚能射孔弹药型罩以大于 180°压垮角压垮的过程中,其弹体直径实质上取决于药型罩的材料。在这种情况下聚能射流的最大速度一般小于气体动力学极限。

我们还进行了一个数值计算,这个计算模型对于理解射孔弹的物理学过程是有益的。除去金属药型罩,只留下带有凹槽的炸药柱。可将带凹槽的炸药柱看作是带薄壁金属药型罩射孔弹的极端情况。在不带药型罩的有凹槽的药柱爆炸时,会形成气体射流[4,6,15]。然而,众所周知,在炸药药柱爆轰时,在其自由表面总是留下未受爆轰的炸药层,这与爆轰波在自由表面反射时产生的稀疏波相关。下面介绍不带药型罩的聚能射孔弹中这个过程将是怎样发生的。

如图 1.19 所示为装药结构图。在直径为 40mm 的奥克托今炸药柱中形成平面爆轰波。在计算场对称轴末端安置钢靶。在爆轰过程开始 0.8μs 后,药柱表面未爆炸炸药脱落。

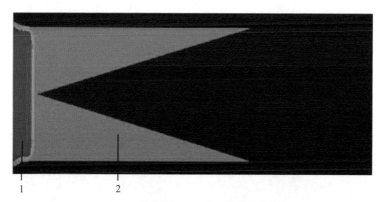

1—爆轰产物；2—带凹槽的炸药药柱。

图 1.19 装药结构图

爆轰波传播到炸药药柱中的凹槽锥形表面,压缩在药柱对称轴线上的爆轰的产物以气云的形式飞入所形成的孔中。爆轰产物的最大速度(如同带药型罩的聚能作用那样,同样具有反向速度梯度)大约为 17km/s,同时,由药柱凹槽中的炸药形成独特的药型罩。这个药型罩被压缩并形成一个爆轰产物喷射流,爆轰产物的最大速度为 15km/s 以上。而本身炸药的速度为 13km/s 左右,如图 1.20所示。

在药柱底部的角落位置有大量炸药未被引爆,而在药柱对称轴上形成的爆轰产物持续向外流出,爆轰产物的最大速度逐渐减小,到 6.2μs 时,从 15km/s

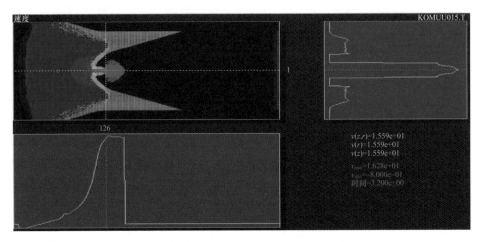

图 1.20 3.2μs 时爆轰产物流动情况,形成气体聚能射流

减小到 12km/s,如图 1.21(a)所示。炸药的最大速度等于 13km/s。对称轴线上爆轰产物的压力也逐渐减小,直至小于 0.2GPa。也就是说,到这个时刻,爆轰产物的压力已经是微不足道了。

这样一来,接近靶板的只有固体炸药,在炸药内部仅有压力值不足 0.1GPa 的爆轰产物。管状部分的射流以超过 13km/h 的最大速度冲击靶板。固体炸药的射流密度为 1.5g/cm³ 左右。如图 1.21(b)所示为等压线、沿对称轴的压力曲线图和沿所形成的炸药管状射流半径方向的速度曲线图。

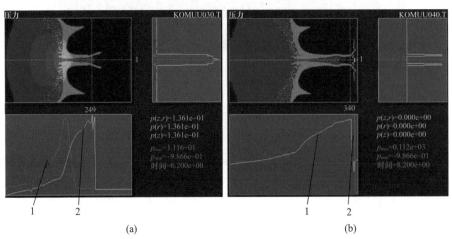

(a)

(b)

(a)1—压力曲线图; 2—轴向速度(v₂)曲线图;(b)1—轴向速度曲线图(v₂),2—压力曲线图。

图 1.21 6.2μs(a)和 8.2μs(b)时刻药型罩材料的流动情况

必须注意,计算是在炸药理想爆轰的模型条件下进行的,在这些条件下击穿靶板的不是爆轰产物,而是在与障碍物碰撞时相互作用的固体炸药粒子。炸药管的厚度大约为1mm。在与靶板碰撞时,所产生的幅值大约数十吉帕的热点集形式的压力不会引起炸药爆轰,但是处在炸药爆轰的临界位置附近。因此,在不带药型罩药柱的理想爆轰模型中,靶板的破坏是在微燃烧的炸药粒子作用下发生的,而不是在爆轰产物气体射流作用下发生的。

通过分析不带金属罩聚能炸药柱的作用机理,假定处在罩里面的空气不影响爆轰产物流动,可用真空所替代。然而,这如同许多情况下发生的事情一样,当假定实际上不正确时,它会使试验结果发生实质的变化。这也在所举算例中发生过。我们通过仿真来验证,图 1.22 所示为带有空气的无罩聚能射孔弹。

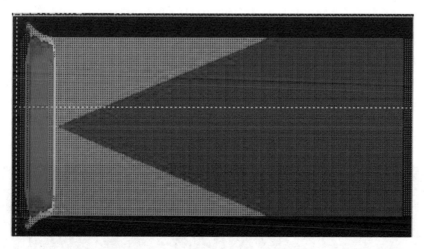

图 1.22　带有空气的无罩聚能射孔弹(红色为空气,其状态方程为理想气体状态方程)

如图 1.23(a)、(b)所示为与图 1.20、图 1.21(a)所示的相同聚能射孔弹(但不带空气)的时间相对应的模型。正如我们所看到的那样,在聚能装药内同样发生炸药层分离。但是,射流发生了实质变化,带空气的射孔弹作用在靶板上的多半是爆轰产物。

正如我们所看到的那样,过程发生了根本变化:气流最大速度增大到了18km/s,而不是无空气条件下的 15.59km/s。最主要的变化是炸药分离罩的表现形式。气流在6.2μs时刻撞到靶板并被其阻挡返回。这一点根据标记点所给出的负速度 v_z 可以看出。爆轰产物在空气周围绕流,这一点在图上可明显看到。

对于薄药型罩来说,可实现以大于 180°压垮角沿对称轴压垮时,形成粗的聚能射流和细的低速杆体。

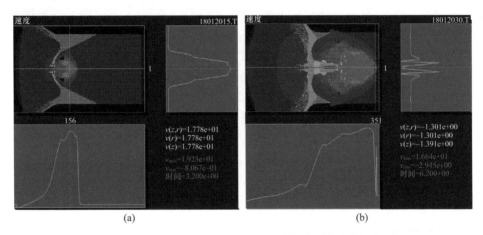

(a)   (b)

图 1.23　与图 1.20 3.2μs 时刻和图 1.21(a)6.2μs 时刻相对应的状态

　　下面研究关于药型罩的最小壁厚问题。药型罩最小壁厚可根据炸药药柱爆轰产物对其不破坏和对药型罩压垮时不失去稳定性的条件确定。如图 1.24 所示装药结构图,在射孔弹中使用了厚度为 0.148mm、锥角为 48.6° 的等壁厚铝药型罩,炸药采用密度为 1.75g/cm³ 的奥克托今。起爆管在射孔弹中形成了平面冲击波。计算模型中网格大小为 8 微元/mm²。当药型罩壁厚度较小时,药型罩会被爆轰产物破坏。

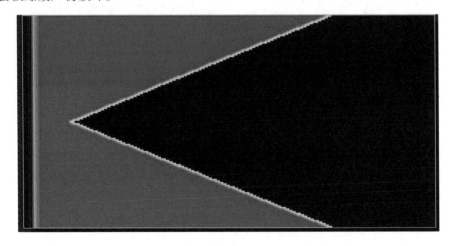

图 1.24　装药结构图,带薄铝药型罩的聚能射孔弹

　　如图 1.25 所示为带超薄铝药型罩射孔弹中聚能射流成形过程。聚能射流的初始速度为 10.89km/s,最大速度为 11.44km/s。与带较厚药型罩的聚能射孔弹相似,聚能射流成形的同时会形成直径大于射流直径的杵体。

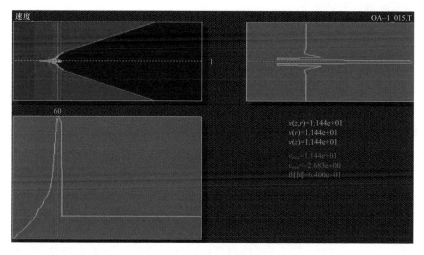

图 1.25　在射孔弹引爆 0.64μs 时聚能射流开始形成

在爆轰过程中,会在爆轰波波阵面和药型罩外表面形成密度增大(约 1.99g/cm^3)的薄层炸药,如图 1.26 所示。因此在药型罩外表面上可看到未爆轰的薄层炸药。爆轰所形成的冲击波通过薄层药型罩,遇到金属 – 真空界面发生反射,反射稀疏波抑止炸药爆轰。

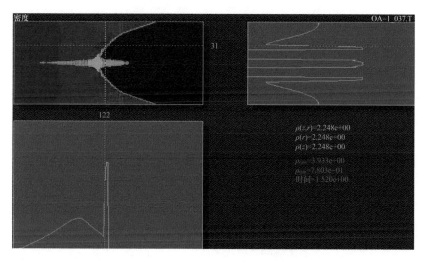

图 1.26　在射孔弹引爆 1.52μs 时聚能射流的形成(等密度线分布图)

聚能射孔弹内炸药起爆 2.4μs 后,在爆轰产物对药型罩压垮过程中,药型罩表面形状出现了明显的失稳,如图 1.27 所示。所形成聚能射流速度为 11.99 ~ 13.13km/s,同时出现了反向速度梯度。射流头部的材料密度为 2.65g/cm^3。杵体直径小于聚能射流直径。

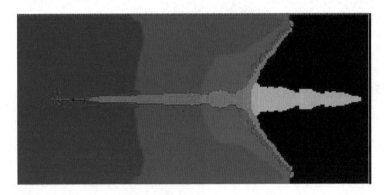

图 1.27 在 2.4μs 时刻聚能射流的形成(轴向等速度线 v_z 分布图)

超薄药型罩聚能射流的成形特点是杵体和射流的直径大小转换,如图 1.28 所示。这个现象是由于初始不稳定性过程的出现,使得药型罩材料在对称轴处压垮角发生周期性变化。在小于 180° 的压垮角条件下,杵体的直径增大,射流的直径减小。在大于 180° 的压垮角条件下,杵体的直径减小,射流的直径增大。在标记点处杵体的速度为 3km/s。

计算表明,药型罩的壁最小厚度不取决于聚能射流的直径。

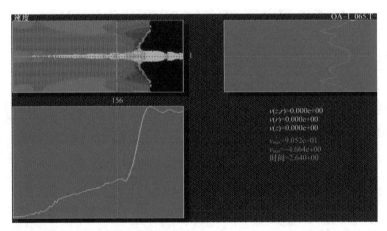

图 1.28 2.64μs 时聚能射流的形成(径向等速度线 v_r 分布图)

下面研究锥角为 86.5°,壁厚为 0.44mm 等厚度铝药型罩的聚能射孔弹。铝药型罩形成聚能射流的特征阶段在表 1.1 列出。在表 1.1 中列出轴向等速度线 v_z。在这种聚能射孔弹中保留了聚能射流成形的主要特点,但是药型罩表面的不稳性较之密度高的药型罩增大了。药型罩表面的不稳定性导致了杵体和聚能射流表面直径的大小转换。所形成的聚能射流最大速度为 11.4 ~ 11.9km/s,射流出现了反向速度梯度。杵体的最大速度为 2.7km/s。

表 1.1　铝药型罩形成聚能射流的特征阶段

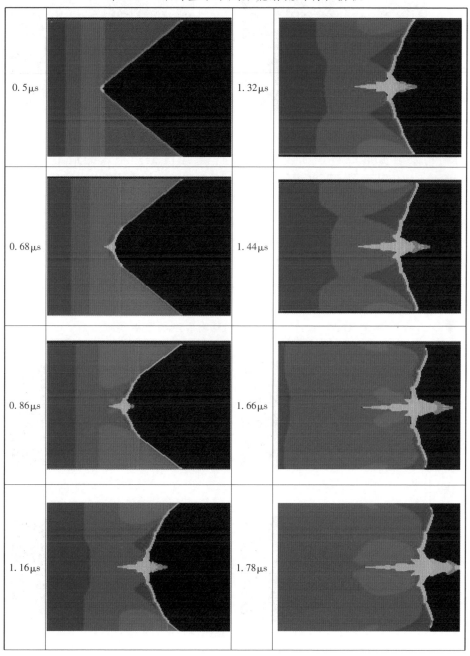

0.5μs		1.32μs	
0.68μs		1.44μs	
0.86μs		1.66μs	
1.16μs		1.78μs	

续表

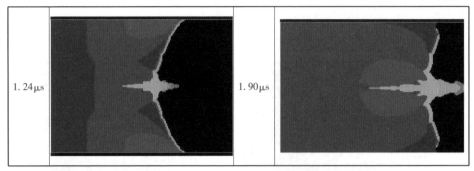

我们来研究高密度材料（如铜）制作的超薄药型罩聚能射流形成的特点，装药结构及射流形成过程如表 1.2 所列。等厚度铜药型罩的最小厚度为 0.19mm，比铝药型罩的厚度大一些。不同时刻，超薄药型罩形成聚能射流的过程在表 1.2 列出。在表 1.2 所示为径向等速度 v_r 分布情况。在聚能射流开始形成 1.1μs 后，药型罩产生了，速度为 0.06km/s 和密度为 3.13g/cm³ 材料分离现象。药型罩表面呈现为波纹状，产生不稳定性。随着时间推移，药型罩表面的不稳定性增大，不稳定幅度及其频率增大，这导致聚能射流的直径较小，杵体的直径超过射流的直径。大部分药型罩材料形成杵体。这是由于药型罩材料在射流形成区的压垮角周期性变化所造成的。

表 1.2　超薄药型罩形成聚能射流的主要阶段

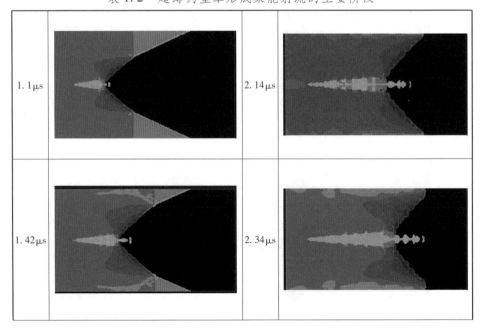

续表

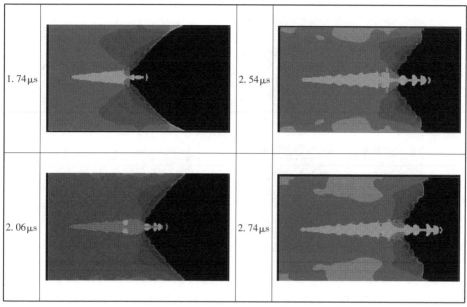

　　我们来研究锥角为 86.5° 和壁厚为 0.434mm 的铜药型罩聚能射孔弹。聚能射流的成形特性没有变化。由超薄铜药型罩形成聚能射流的主要阶段在表 1.3 列出。表 1.3 所示为等速度线 z 分布图。在射孔弹中形成了速度为 7.3km/s 的聚能射流。药型罩表面的不稳定性幅度较大。用铅和钽制作的密度较大的超薄药型罩材料,也保留着类似的聚能射流形成关系曲线。

表 1.3　超薄铜药型罩形成聚能射流的主要阶段

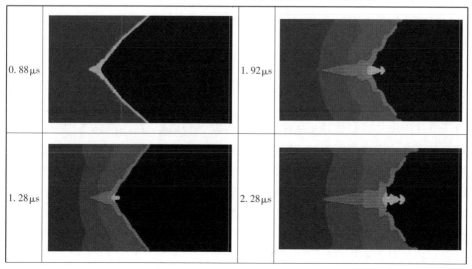

续表

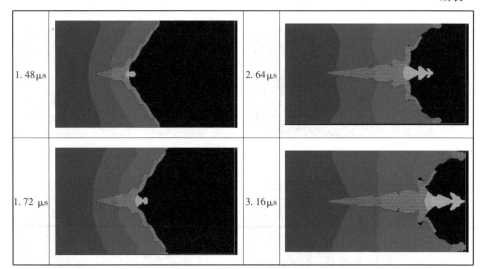

这样就证明,药型罩的最小壁厚主要是由其表面的不稳定性(在药型罩表面出现波纹)所决定的。药型罩表面的不稳定性程度随着其加工材料的密度增大而增大,而且药型罩表面的不稳定性最初出现在它的外表面,然后过渡到它的内表面。药型罩外表面上所产生的波纹高度比内表面上的大。

药型罩表面形状的不稳定性既出现在带有低密度药型罩的聚能射孔弹中,也出现带有高密度药型罩的聚能射孔弹中。药型罩表面表现为波纹状,波纹方向包括横向和纵向。为了研究波纹的结构,必须对药型罩成形过程进行三维模拟。

尽管药型罩厚度超薄,在形成聚能射流时还依然形成杵体。药型罩表面不稳定性的存在就使得无论是进入聚能射流还是进入杵体中的物质直径大小都发生转换。

消除或减小这类射孔弹中药型罩表面不稳定性的方法将在后面研究。

由低密度和高密度材料加工的薄金属药型罩具有最大材料利用率,这是因为药型罩压垮过程是将冲量从爆轰产物传输到药型罩,在小杵体条件下药型罩压垮形成高速度聚能射流时,使用带有超薄药型罩的聚能射孔弹就有可能采用更少量的炸药。药型罩最小壁厚的局限出现在药型罩压垮时所产生的各种不稳定性及炸药爆轰产物对药型罩的破坏,诸如此类。

薄药型罩可通过车削金属加工,但是需考虑这类药型罩在车削加工过程中造成的起伏可与药型罩厚度的大小关系。在这种情况下,可能会产生里里克特迈耶 - 梅什科夫不稳定性。

药型罩车削加工造成的起伏、药型罩的振动、药型罩材料密度变化、各种不同类型波的干扰、罩材料的破坏等都会致使药型罩在压垮时出现不稳定性,最终导致聚能射流对靶板作用效果降低。当分界面承受加速度,例如在冲击波传播过程中,在两种接触紧密的介质之间就会产生希特马耶尔 - 梅什科夫不稳定性[16-17]。不稳定性的扩大从最初随着时间变化线性增大,当小幅度扰动开始时,不稳定性就具有非线性特性。

当用短时冲量代替力的恒定作用时,希特马耶尔 - 梅什科夫不稳定性是瑞利 - 泰勒不稳定性的极限情况。

冲击波通过凝聚材料扰动区的自由界面时,不稳定性扩大的初始阶段演化可能具有射流特性[18],这种特性会导致所压垮的药型罩冲量减小,射流成形条件破坏。

作为例子,我们来研究图 1.29 所示的聚能射孔弹装药结构图。起爆药柱的厚度为 0.5mm,爆速为 10km/s,使用石蜡板冲击起爆以形成平面爆轰波。炸药采用密度为 1.61g/cm³、厚度为 3mm 的梯恩梯,状态方程采用理想爆轰模型。射孔弹罩的左界面采用平面的钢板形式,罩的右界面幅值为 0.15mm 和周期为 0.15mm 的锯齿形曲线,板的厚度为 0.6mm。

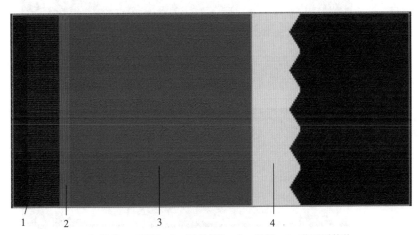

1—起爆药;石蜡板;2—爆轰产物;3—炸药;4—药型罩构件。

图 1.29　聚能射孔弹装药结构图

表 1.4 所列为聚能射流形成的连续过程及其演变。表 1.4 中所示为 z 方向速度等水平线分布图。由于冲击波冲出成形的钢板表面,就形成了最大速度 4.55 ~ 4.99km/s 在聚能射流中心出现了材料以 5.4km/s 的速度从其头部分离。边缘聚能射流就被扭曲。

表 1.4 聚能射流形成的连续过程及其演变

0.24 μs	
0.32 μs	
0.36 μs	
0.56 μs	

对于由高密度金属,例如铅和轻质材料——铝制作的板材料,保留着类似的关系曲线,见表 1.5。由冲击波冲出成形的铅板表面,形成了最大速度约为 3.8km/s 的聚能射流。由冲击波冲出成形的铝板表面,形成了最大速度约为 7.87～8.72km/s 的聚能射流。对称轴线上的射流速度最大,在其边缘的速度最小可能是由板中的冲击波干扰所造成的。

值得注意的是,所形成的聚能射流速度偏差随着板的材料密度增大而减小。

　　这样,所列出的模型演示了炸药爆轰产物所形成的冲击波传至药型罩凝聚物质自由界面时射流的变形过程。这种效应会使薄药型罩在受压缩时在其表面产生不稳定性,导致射流对靶板作用的效率减低,得到的结果不稳定。这个事实对于薄和超薄药型罩的制作工艺和对药型罩表面起伏的要求实际上是很重要的。

表 1.5　铅和铝聚能射流形成的连续过程及其演变

时刻	材料——铅	时刻	材料——铝
0.40μs		0.28 μs	
0.46 μs		0.34 μs	
0.66 μs		0.42 μs	

参 考 文 献

1. Пат. № 1604010(Англия). Усовершенствования кумулятивных боеприпасов [Текст] ,1973.

2. Титов В. М. Возможные режимы гидродинамической кумуляции при схлопывании облицовки [Текст]/ В. М. Титов //Доклады Академии наук СССР. – 1979. – т. 247. – т. 247. – № 5. – с. 1082 – 1084.

3. Минин И. В. Мировая история развития кумулятивных боеприпасов [Текст]/И. В. Минин, О. В. Минин:Российская научно – техническая конференция《Наука. Промышленность. Оборона》,23 – 25 апреля 2003 г. – Новосибирск:НГТУ. – с. 51 – 52.

4. Теоретические и экспериментальные исследования явления кумуляции. Обзор. [Текст] В сб. : Механика,ИЛ. – 1953. – № 4(20). – с. 101.

5. M. A. Cook [Текст]/M. A. Cook,R. T. Keys J. //Appl. Phys. – 1958. – V. 29. – № 12. p. 1651.

6. Покровский Г. И. Боевое применение направленного взрыва [Текст]/Г. И. Покровский. – М. 1944. – с. 72.

7. W. P. Walters. Fundamentals of shaped charges. [Текст]/W. P. Walters, J. A. Zukas /N. Y. : John Wiley & Sons,1988. – p. 389.

8. Патент 2412338 Российская Федерация, МПК E43/117, F42B1/02. Способ и устройство(варианты) формирования высокоскоростных кумулятивных струй для перфорации скважин с глубокими незапестованными каналами и с большим диаметром [Текст]/Минин В. Ф. , Минин И. В. , Минин О. В. ; заявл. 07. 12. 2009; опубл. 20. 02. 2011,Бюл. №5. – 46с.

9. Минин В. Ф. Физика гиперкумуляции и комбинированных кумулятивных зарядов [Текст]/ В. Ф. Минин,И. В. Минин,О. В. Минин //Нефтегазовые технологии – 2011. – N 12 – с. 37 – 44.

10. Минин В. Ф. Физика гиперкумуляции и комбинированных кумулятивных зарядов [Текст]/ В. Ф. Минин,И. В. Минин,О. В. Минин //Нефтегазовые технологии – 2012 – N 1 – с. 13 – 25.

11. Computational fluid dynamics. Technologies and applications [Текст]/Ed. By Igor V. Minin and Oleg V. Minin. Croatia:INTECH – 2011. – 396 p. V. F. Minin, I. V. Minin, O. V. Minin Calculation experiment technology, pp. 3 – 28.

12. Minin V. F. Physics Hypercumulation and Combined Shaped Charges [Текст]/V. F. Minin, O. V. Minin, I. V. Minin //11th Int. Conf. on actual problems of electronic instrument engineering (APEIE) – 30057 Proc. 2nd – 4th October – 2012 – v. 1 , NSTU, Novosibirsk – 2012 – p. 32 – 54. IEEE Catalog Number: CFP12471 – PRT ISBN:978 – 1 – 4673 – 2839 – 5.

13. Birkhoff G. Explosives with lined cavities[Текст]/Birkhoff G. , Mc Dougall D. , Pugh E. ,Tailor G. //Journ. of Appl. Phys. – 1948. – Vol. 19, – p. 563 – 582.

14. Лаврентьев М. А. Кумулятивный заряд и принцип его работы [Текст]/М. А. Лаврентьев //Успехи математических наук – 1957 – т. XII – вып. 4. – с. 41 – 56.

15. М. Я. Сухаревский. //Техника и снабжение Красной Армии,1925. – № 170. – с. 13 – 18,и № 177 – с. 13 – 18. //Война и Техника,1926. – № 253. – с. 18 – 24.

16. R. D. Richtmyer. Taylor instability in a shock acceleration of compressible fluids [Текст]/R. D. Richtmyer // Communications on Pure and Applied Mathematics – 1960 – V. 13. p. 297 – 319.

17. Мешков Е. Е. Неустойчивость границы раздела двух газов, ускоряемой ударной волной [Текст]/ Е. Е. Мешков //Изв. АН СССР, МЖГ, 1969. – N 5. – с. 151 – 158.

18. Бахрах С. М. Кумулятивный характер неустойчивости поверхности конденсированного вещества [Текст]/С. М. Бахрах, И. Ю Безрукова, А. Д. Ковалева, С. С. Косарим, О. В. Ольхов. //Письма в ЖТФ, 2006. – т. 32. – вып. 3. – с. 19 – 24.

第 2 章　超聚能射孔弹

2.1　带有附加装置的聚能射孔弹

第 1 章中所研究的带有小壁厚和大锥角药型罩的聚能射孔弹形成射流的最大速度相对小,杆体较细,且在射流头部通常有反向速度梯度。对于铝聚能射流来说,气体动力学极限所限制的最大速度可超过 14km/s,而在以前列出的薄壁药型罩射孔弹的计算和试验中,铝聚能射流的最大速度不超过 10km/s。薄药型罩对于钻深孔的射孔弹具有一定的意义。薄药型罩聚能射孔弹的全部药型罩材料都可以用来形成射流。在射孔弹中应尽量以最小质量的炸药使射流最大速度增大,因为形成的这种射流将其拉伸到最大长度是比较容易的。

聚能射流头部反向速度梯度存在的原因之一是缺少对称轴上材料碰撞所需的加速距离,或加速距离值小以及可压缩药型罩材料碰撞点中缺少高压产生的条件。为了形成加速区间,必须具有一定距离,在该距离上,爆炸产物压力能在这个距离上对药型罩材料加速并在对称轴上碰撞时很快形成得到高速度所需的最大压力值。药型罩材料在对称轴上压垮和碰撞时形成压力,该压力值取决于药型罩材料的径向速度。由这个压力产生药型罩材料中的冲击波遇到自由面折回,并使药型罩材料以这个压力值和药型罩气体动力学参数所决定的速度沿着对称轴运动。这个压力值与药型罩材料速度矢量径向分量的平方成比例。药型罩径向抛射速度取决于药型罩的初始半径。

将药型罩制作成截顶圆锥体、截顶半球形等形状,就可形成所需的加速区间。现在认为药型罩材料的压垮速度取决于药型罩的初始半径。改变药型罩的这个新参数有可能消除聚能射流头部的初始反向梯度。在带有凹槽的截顶结构药型罩包覆的炸药爆轰条件时,这个方法适用于在传统聚能作用方式中依靠得到射流头部瞬间高速度来减小聚能射孔弹的炸高。减小炸高对于结构设计和结构使用非常重要。

正如试验所表明的那样,利用消除聚能射流头部中的反向速度梯度,并改变罩的几何形状,就可将炸高缩小至一倍装药直径,而且可能还更小。这可以安置在没有可使射流充分拉伸的炸高空间井管中。减小炸高就是快速拉长聚能射流。

为了同时增大聚能射流头部的最大速度和质量,必须使药型罩材料压垮角等于或大于180° 对称轴[1]。为此,必须给药型罩施加增大其轴向运动速度的附加外部冲量。附加的外部冲量不仅有可能进行药型罩压垮角等于或大于180° 对称轴,而且还有可能附加增大聚能射流头部的速度。这样一来,在这种射孔弹中,传统聚能作用中聚能射流最大速度的概念就消失了。射流的最大速度是该种材料所固有最大速度与形成射流由附加装置所增加的速度相叠加而成的。例如,通过将附加装置加入聚能过程中就可实现这一点。附加装置可形成冲量,这个冲量在药型罩压垮过程中能增大药型罩构件的轴向速度 v_z,并以自身质量保证射流在对称轴线上碰撞时的高压。在射流碰撞的流体动力学模型中附加装置在射流运动反方向上配置。当爆轰产物在遇到障碍物折回时,射流的压垮角就会发生改变,形成等于或大于180° 的压垮角,并生成粗聚能射流和细杆体。

采用接近拉夫连季耶夫 M. A. 伯克霍夫的传统方式[2-3]研究相似射流模型问题。这个问题会帮助我们较充分地设想射流形成过程。首先遵循拉夫连季耶夫 M. A. 伯克霍夫理论来研究与传统聚能作用方式相符的聚能药柱的爆炸,轴向速度分量 v_z(4km/s)和径向速度分量 v_r(3.33km/s)具有性能可压缩的90° 锥角轴对称锥形结构。这类模型仿真计算会帮助我们更好理解较复杂的聚能射孔弹工作。在这些定性研究中,炸药的作用归结为给定射流运动速度。未研究爆轰产物对聚能射流形成的作用。

仿真计算的装药结构图如图 2.1 所示。射流在起爆 3μs 就形成了最大速度等于 11.72km/s 的聚能射流和在速度小得多的粗大的杆体,如图 2.2 所示。在所形成的聚能射流中,射流对称轴上的速度要比其周围的速度小。

图 2.1　仿真计算的装药结构图

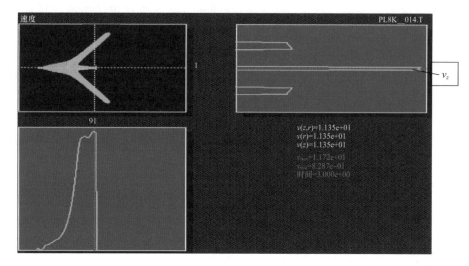

图 2.2   在铝射流碰撞后 3μs 时材料的流动和速度 v_z 曲线图

如图 2.3 所示为 7.6μs 时刻的流动图。这与传统聚能作用方式相符。材料以 11.48km/s 速度从射流头部分离。聚能射流的最大速度下降到 10.76km/s。

由图 2.3 所示的结果可知：在聚能射流的头部还出现了从 10.67km/s 到最大速度 10.80km/s 的微反向梯度，然后降低到 10km/s。杆体的速度从 8km/s 变化到 1.34km/s。

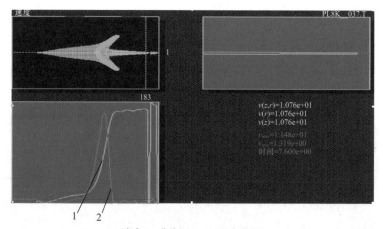

1—速度 (v_z) 曲线图；2—压力曲线图。

图 2.3   在铝射流碰撞后 7.6μs 时的材料流动、v_z 方向速度曲线图
和压力 ($p_{max}=33.1GPa$) 曲线图

我们注意到聚能射流材料和杆体材料的密度分布。图 2.4 所示为等密度线,$2.7 \sim 2.64 g/cm^3$ 范围内材料密度降低区域用白色标记。从主射流分离的聚能射流材料密度降低明显,其中包括沿其对称轴线、射流表面以及射流头部中有几个区域。沿射流对称轴线的聚能射流,射流材料的密度和压力具有波形振荡特性。在这种情况下,材料最大密度为 $3.506 g/cm^3$,而最大压力等于 $33.1 GPa$。最大密度区和最大压力区一致。

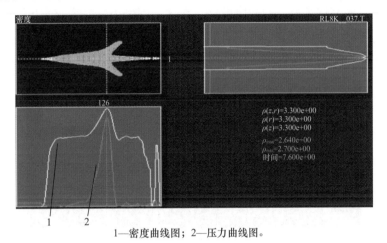

1—密度曲线图;2—压力曲线图。

图 2.4　在铝射流碰撞后 $7.6 \mu s$ 时的材料流动、密度曲线图和
压力($p_{max} = 33.1 GPa$)曲线图

如图 2.5 所示为射流碰撞后 $9.8 \mu s$ 时密度在 $2.64 \sim 2.7 g/cm^3$ 范围内的材料等密度线。聚能射流相当大部分处在计算边界外,虽然材料密度降低的趋势在逐渐减小,但是沿射流和杆体的对称轴线还稳定地保持不变。

图 2.5　在铝射流碰撞后 $9.8 \mu s$ 时刻材料的流动(密度在
$2.64 \sim 2.7 g/cm^3$ 范围中的材料等密度线分布图)

　　稍后在分析试验结果和研究聚能射流微结构时,确实发现聚能射流中存在气孔型疏松度使其密度降低。这是十分重要的,因为现在我们不研究实际物质的金属物理性能;这里认为聚能射流具有可压缩理想液体的性能,而射流中孔隙度可能只是这种介质性能和物质状态方程的表现。聚能射流密度的降低是因形成的杆体和射流在严重压缩后物质的卸载波引起的。图2.5曲线图下的负压(曲线图上直线下的负压)验证了所述猜想。

　　我们来研究这个模型的镜像模型。在这个问题中只是变化角度,角度变成了270°。如图2.6所示为与图2.1相同的锥形射流碰撞的模型,但是成270°全角(在镜向中它依然是90°),速度与上面所研究的问题中的速度相同。

图2.6　装药结构图

如图2.7所示为到7.6μs时的材料流动状态。模型示意图中,射流以大于

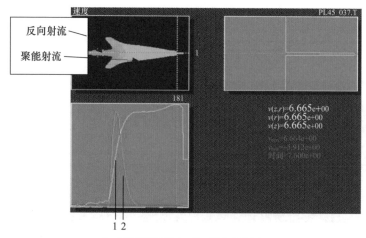

1—速度曲线图(v_z);2—压力曲线图。

图2.7　在铝射流碰撞后7.6μs时刻的材料流动、v_z速度曲线图和压力($p_{max}=42$GPa)曲线图
(反向聚能射流的速度 -5.912Km/s)

180°压垮角碰撞时聚能射流的成形特点是在对称轴线形成粗大的聚能物体(与第一个问题中杆体相似的),但是最大速度等于 6.64km/s。

于是就出现了如文献[4]中所称的反向射流,而且反向射流在聚能射流运动方向的相反方向运动,最大速度约为 5.912km/s。

因此,存在反向射流[5-8],但不是在药型罩为大锥角条件下有炸药参与的实际聚能射孔弹中,而是在没有炸药和爆轰产物存在时出现。这个虚拟的聚能射流参数可按照现有的计算方法测定。然而,这并不是说,拉夫连季耶夫 M. A. 的射流模型不准确。在计算中应考虑到炸药和附加装置对爆轰产物的作用,或后面将要展示的纯粹附加装置[5-8]的作用。

采用铜材料制作附加装置,同样采用可压缩理想液体模型研究非稳态轴对称问题。如图 2.8 所示为装药结构图。铝罩的速度 v_z 为 2.6km/s,而径向速度 v_r 为 1.5km/s,可移动的铜附加装置速度为 0.6km/s。

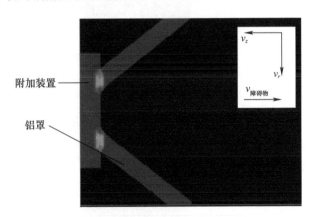

图 2.8 装药结构图

表 2.1 为药型罩的逐次压垮和大射流细杆体的形成过程。在表 2.1 中的图上示出了相应时间内的等压力线。在所形成的聚能射流中出现了材料从射流头部分离的情况。

表 2.1 药型罩的逐次压垮和大射流细杆体的形成过程

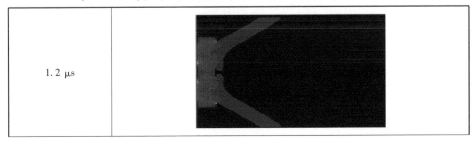

续表

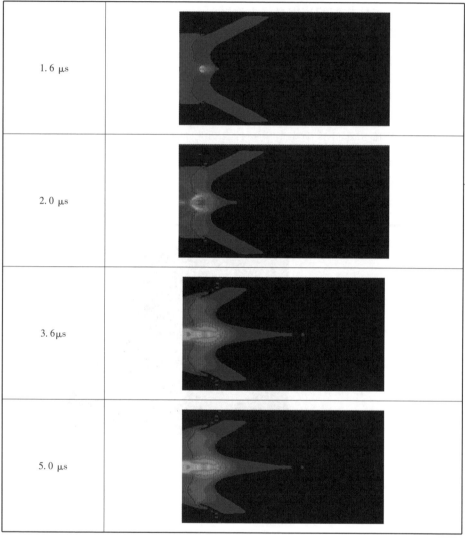

1.6 μs	
2.0 μs	
3.6μs	
5.0 μs	

　　由表 2.1 得出结论:射流在射孔弹上的碰撞角度超过 180°,所形成的聚能射流最大速度为 8.7km/s,同时有一部分射流材料以 10km/s 左右的速度从射流头部分离,如图 2.9 所示。所形成的聚能射流直径远大于杵体的直径,并在射流形成时出现了反向射流。

　　依我们之见,拉夫连季耶夫 M. A. 模型非常好,并直观地表明了实现射流压垮角等于或大于 180°的成形规律。这是通过在锥形药型罩罩顶布置附加装置时射流对称轴线上的碰撞实现的。

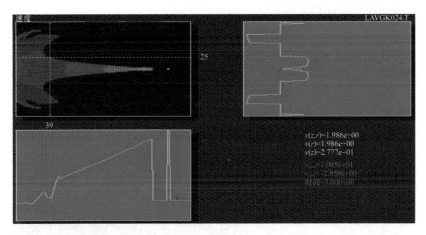

图 2.9　在 5μs 时刻的材料流(标记点中 v_z 等速度线及其曲线图)

这种改进的解析法模型是我们在研究以前对这种附加装置计算时建立的[9-14]。

射流压垮角等于 180°具有特别的意义。为了较详细研究在射流压垮角等于 180°条件下介质流动的特点,我们来研究在给定的径向压缩速度(4km/s)作用下射流的轴对称碰撞(对圆盘压缩)。射流的材料为铝,圆盘厚度为 2mm。结构图如图 2.10 所示。

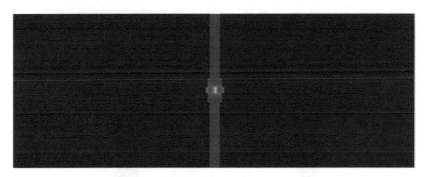

图 2.10　结构图(铝射流成 180°碰撞)

所形成的射流速度相同,但是符号有区别分别为 -7.932km/s 和 7.931km/s,沿相反方向运动。射孔弹的速度 v_z 曲线图、压力曲线图和密度曲线图对于这两种射流具有轴对称形式(图 2.11)。

在这种情况下,很难分出聚能射流形成和杵体形成的位置,因为材料流是绝对对称的。在随后时刻还保持着射流的特性。

依我们之见,这个问题在进一步研究罩压缩通过 180°角度时所产生的材料流和在过渡时出现相应形态是具有参考意义的。

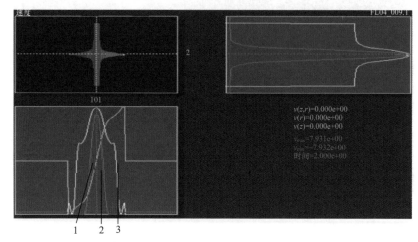

1—速度 (v_z) 曲线图；2—压力曲线图；3—密度曲线图。

图 2.11　铝射流碰撞后 $2\mu s$ 时的射流形态、速度 (v_z) 曲线图、压力曲线图和密度曲线图

采用这个结构原理的聚能射孔弹形成粗聚能射流，药型罩在射流成形时呈等于或大于 180° 压垮角。如图 2.12 所示为铜罩和钢罩的聚能射流 X 射线照片。

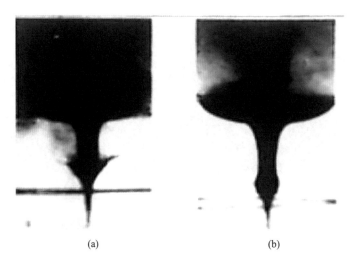

(a)　　　　　　　　　　(b)

图 2.12　直径为 80mm 的铜(a)钢(10 钢)(b)两种聚能射孔弹的 X 射线照片，
药型罩压垮角大于 180°

根据罩的外表面形状可以看到，对罩材料的压缩呈大于 180° 压垮角，这正

如在 X 射线照片上所看到的,都具有异常粗大的直径。

接近超聚能过程的概念第一次是发表于 20 世纪 90 年代[9-14]。将射流强制成形原理称为超聚能射流成形的理论模型。强制射流压垮成形的实质在于压力作用于锥形罩外表面时,药型罩材料就开始沿表面法线运动。在药型罩顶部配置附加装置将压垮的罩侧壁材料压紧到对称轴线上。在有附加装置条件下,射流的压垮在最初时刻偏移对称轴线,罩的大部分材料转向对称轴线。在这种情况下,药型罩材料在射孔弹的对称轴线上压垮之前就具有速度分量 v_z。重要的是,药型罩材料以在普通聚能射孔弹中不可达到的角度在对称轴线上发生压垮。聚能射流形成过程具有非稳态特性。在这种情况下,可实质增大聚能射流的速度、冲量。

可惜,在文献[9-14]中未能描述附加装置对聚能射流的加速机理,只描述了在大于 180°压垮角条件下将形成不转向的聚能射流。在文献[9-11,14]中采用了双曲线截短旋转体结构的药型罩。在药型罩内放置了底部用密度小于罩材料密度的不同金属制作的附加装置。底部附加装置不能将从炸药爆轰产物所得到的总冲量传输给药型罩。

选择密度比药型罩材料密度小的材料会使底部在与罩材料相互作用过程中破坏,这会破坏冲量的传输过程,也可能导致底部材料滞留并与聚能射流材料混合,使在大于 180°压垮角条件下所产生的射流紊乱。

在底部材料密度大于或等于药型罩材料密度,或底部厚度大于罩厚度,底部安置在罩内时,底部就会阻碍罩材料的压缩,不会对罩加速。依靠选择罩材料和底部材料的密度并在将底部安置在药型罩内的条件下,就可能形成粗大的聚能射流。这些粗大的射流侵彻时会形成直径较大的孔。这是由于底部端面切割药型罩壁,压缩射流形成过程中药型罩开始部分被底部加速。但是,在这个过程中,形成质量减小的杆体,附加装置在罩内运动,并将杆体分散。通常所形成的聚能射流是低速的。

比较射流形成优点并在文献[9-11,14]中发表过的两个锥角等于 45°时铝药型罩聚能射流成形过程。装药结构图如图 2.13 所示。这两个射孔弹的区别只是,在其中一个聚能射孔弹中,在铜底部后的药型罩顶部中圆柱体腔用铝塞封闭,而在另一个聚能射孔弹(图 2.13)中,给腔中填充 40/60 黑索今/梯恩梯类型的炸药取代铝塞。对这两个射孔弹的穿透钢板深度和弹孔直径大小进行了比较[10-12]。在聚能射孔弹中采用了点起爆。

将图 2.18 所示的聚能射流形成的 X 射线照片与对这个射孔弹所进行的计算结果相比较。如图 2.14 所示为起爆 $2\mu s$ 时刻的状态。

在直径为 50mm 的射孔弹中采用了点起爆和铝合金药型罩。药型罩的底部

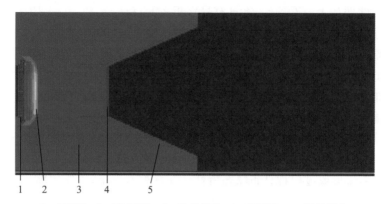

1—起爆管；2—爆轰产物；3—炸药药柱；4—铜底部；5—铝药型罩。

图 2.13　装药结构图,射孔弹爆轰后 0.6μs 时刻的等压力线

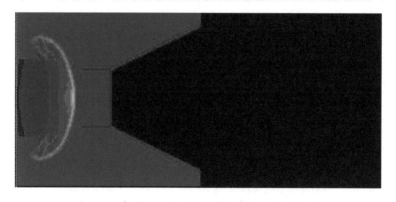

图 2.14　起爆 2μs 时刻的状态(等压力线分布图)

用厚为 2mm 的铜板,而在药型罩外的圆柱体腔填充了炸药。在这个圆柱体腔中的炸药药柱爆炸产物用绿颜色分出,如图 2.15 所示。

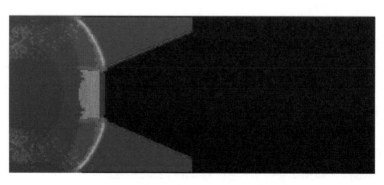

图 2.15　起爆 4μs 时状态(等压力线分布图)

在炸药药柱爆轰产物作用下,铜底部缓慢运动,铝药型罩被压缩并被底部切割开,与底部表面接触,此后底部可将冲量传输给铝药型罩。在这种情况下,依靠铜底部传输冲量,药型罩的速度增大不多。受压缩的药型罩最大速度 v_z 为 3.5km/s 左右,而铜底部的最大速度为 2.3km/s。药型罩材料在对称轴上碰撞时,就形成最大速度为 10.2km/s 的聚能射流。铜底部形成锥体,锥尖对着聚能射流的运动方向。

在 11.4μs 时,形成头部变粗的粗聚能射流和杆体。材料从聚能射流头部分离。在这种情况下,聚能射流的最大速度就减小到 9.1km/s,而图 2.16 上标记处的杆体最大速度为 3.794km/s。射流的最大直径为 8mm。然后杆体的质量减小,射流的质量增大。底部呈锥形并深入到杆体中。

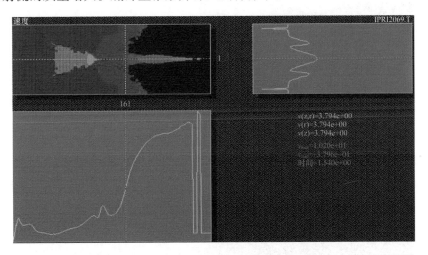

图 2.16　起爆 15.4μs 时状态和等速度 v_z 曲线图

在进行试验时发现[10-12]爆炸后没有杆体,同时假定,杆体在与铜物体相互作用时被破坏了,铜底部将杆体切割并分散,如图 2.17 所示。铜底部作用区中的药型罩材料扩展的最大径向速度不超过 100m/s。只不过是杆体的直径等于或接近射流的直径。

在 19.8μs 时,杆体的直径与聚能射流的直径差别已经很小了。杆体的平均直径为 10mm,而聚能射流的平均直径为 8mm。杆体的直径值持续减小,如图 2.17 所示。聚能射流形成过程接近超聚能过程。

聚能射流的直径、最大速度、铜底部的弯曲特性和运动特性完全与图 2.18 所示的这个过程的 X 射线照片相符合。

对这两个聚能射孔弹侵彻的试验比较表明,在侵彻深度相同的条件下,带有铜底部射孔弹弹孔的直径比带有铝塞的射孔弹的弹孔大 60%(29mm)。同时,

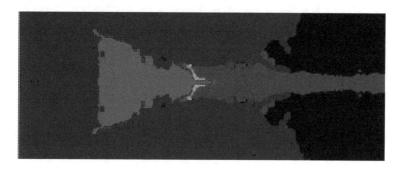

图 2.17　起爆 19.8μs 时状态

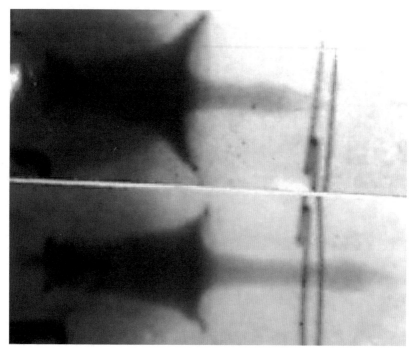

图 2.18　图 2.13 所示的射孔弹聚能射流连续形成的 X 射线照片
（在下面的照片上可看到底部深入到杆体中）

在这种情况下侵彻深度提高了 1~1.5 倍。

如图 2.19 所示为在同一个时刻,直径为 80mm 并带有铝塞和铜底部(a)聚能射孔弹和不带铝塞(b)的聚能射孔弹中聚能射流形成的 X 射线照片。如图 2.19(a)所示的是传统聚能射流的 X 射线照片,而图 2.19(b)所示的是强制射流形成的射孔弹聚能射流。对于用相同材料制作的和锥角相同的药型罩,X 射线照片是在同一时刻得到的。在图 2.19 上,在聚能射流的头部可看到通过杆体并使其具有径向速度的铜底部碎片,由于这些碎片,杆体扩展飞散了。

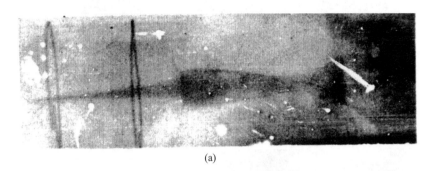

(a)

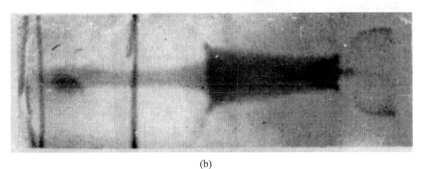

(b)

图 2.19　传统聚能射孔弹中(a)和带强制射流形成的射孔弹(b)中的聚能射流形成

　　如图 2.20 所示为聚能射流压垮成形和薄底部杆体破坏并在靶板中形成弹孔过程的 X 射线照片。照片上可看到底部通过杆体,形成能在钢靶中造成大弹孔的铝聚能射流。

　　我们发现,在聚能射流以强制射流形成方式所击穿的弹坑中没有出现杆体,它在聚能射流形成时被破坏了。制作这类聚能射孔弹是为了在靶板中得到大弹孔。

　　试验和 X 射线照片完全与计算相符。然而,在这些试验中,聚能射流的最大速度值小,不超过 10km/s,这就不能保障对聚能射流充分拉伸,使之在小炸高和大炸高均能有效击穿靶板。

　　为了增大射流的最大速度,必须实现底部 - 波形控制器对药型罩材料的作用。通过对同样的射孔弹计算来研究这一点,简化射孔弹的包裹罩,去掉其圆柱段,减小厚度并将波形控制器的直径减小到包裹罩外部的小直径。厚度为 2mm 的铜波形控制器从爆轰产物获得的速度 v_z 太小,将波形控制器壁厚减小到

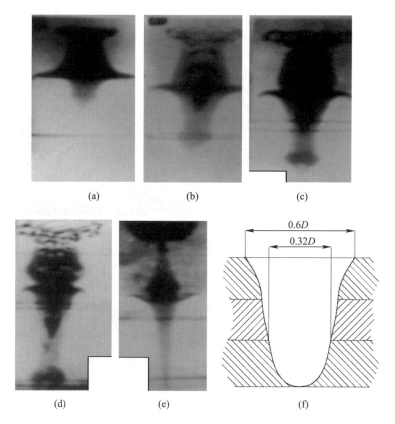

图 2.20 聚能射流形成的阶段顺序((a)20μs,(b)24μs,(c)26.7μs,(d)30μs)。
不带底部的同类射孔弹的传统射流((e)30μs)和所击穿的弹坑实例(f)

1mm,来增大它的速度。除此之外,用冲击端面起爆。装药结构图如图 2.21
所示。

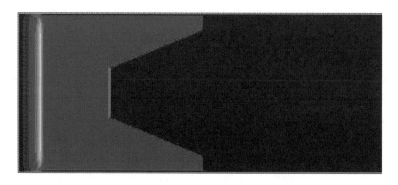

图 2.21 装药结构图。起爆 0.6μs 时等压力线

起爆 9.2μs 就形成直径为 8mm(与图 2.18 所示的 X 射线照片上相同)和射流头部最大速度为 13.8km/s(图 2.22)的聚能射流,比原型的速度大 4.7km/s。这就有可能使射流在飞行过程中充分拉伸提高侵彻能力。所形成的杆体直径和长度远小于所形成的聚能射流。实际上没有杆体。

在作者们论文发表后[9-10,14],美国专利[15]验证了作者论文中装药结构。在这种情况下,采用双曲线结构药型罩,而对解决问题来说最主要的还是将由各种不同的,其中包括密度小于药型罩材料密度的金属制作的衬底安置在药型罩内。底部不支撑在药型罩上,并不会将能量传输给它,药型罩不可能沿底部移动,密度比药型罩密度小的衬底就被加速并向前飞去压缩药型罩。当然衬底不可能对药型罩的压垮过程起到作用,但是它的初始加速半径沿 R 增大。药型罩在炸药爆轰产物作用下被压缩。衬底被爆轰产物截获并压缩,这样就影响着聚能射流的形成过程。

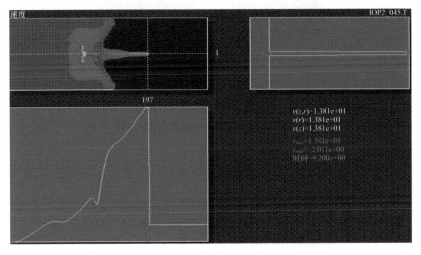

图 2.22　起爆 9.2μs 时状态和等速度 v_z 曲线图

在衬底的密度等于或大于药型罩密度的条件下,药型罩在压缩开始就顶在衬底上,开始变形并绕流衬底。衬底将冲量部分传输给药型罩材料并进入聚能射流中,从实质上干预射流成形,并对它破坏。过程如同强制射流形成的计算一样。当出现粗大的射流并同时存在杆体时,射流强制形成阶段就是过渡阶段。

锥角为 70°铝药型罩、直径为 56mm 的聚能射孔弹形成射流的 X 射线照片(图 2.23(a))。在这个射孔弹中有薄的铜底部,这个底部的运动会增大杆体的厚度(图 2.23(b))。

在下面的例子中[1],底部的直径总是大于截锥体药型罩的顶部直径。在这

(a)   (b)

图 2.23 带有强制射流形成的聚能射孔弹聚能射流形成(70°铝药型罩)(a),(b)

种情况下,底部装置可支撑药型罩。药型罩的材料可以无障碍地在底部表面滑动。药型罩材料以相对小的径向速度沿底部滑动。如果底部材料密度大,而且在这种滑动速度条件下应考虑材料的强度,那么,由炸药药柱爆轰产物所得到的底部冲量就传输给药型罩,并对它加速。从而改变药型罩的运动轨迹并使药型罩材料在对称轴上的压垮角增大并超过 $180°$,底部参与射流形成,压缩 z 方向中的材料。通常,底部的密度比药型罩的密度大,底部与药型罩材料一起保持着扩展区中的压力,从而增大聚能射流的最大速度。

为了避免在药型罩压垮过程中底部和药型罩熔接破坏射流形成,底部和药型罩制作成可拆卸式(组合式)。

聚能射流的最大速度值主要取决于截锥体药型罩小端的半径,并随着这个半径的增大而增大。底部的半径尽可能选到最小,不超过保障射流速度所要求的半径,因为半径越大,可用来得到聚能射流的药型罩材料就越少。

药型罩在聚能对称轴上压垮和在碰撞时底部以相当大速度 v_z 移动并在其表面形成压力。药型罩的压垮与高密度材料底部的一起运动就可形成异常高的压力,并使所形成的射流达到较高速度。而且,这可能与带有高压力中心附近的传统射流有实质的区别。

采用截锥形式的药型罩就会使药型罩锥角减小,而且在药型罩大小直径相等的条件下,药型罩就变成圆柱体。后面章节将介绍可以在带有圆柱体药型罩的聚能射孔弹中实现超聚能方式,并形成高速粗大的聚能射流。

药型罩的底部可用两个部分组成[1]:一部分由密度大于或等于药型罩材料密度的材料制作成薄的并对着药型罩;另一部分可用密度小于第一部分材料密度的材料制作成较厚的并与第一个底部的外径耦合。按沿对称轴的加速区间,底部的两部分制作成分开式的。

在采用多层介质的条件下,将有效转换的炸药柱爆轰产物的冲量传输给药型罩,就可达到底部的最大速度 v_z[1,16-19]。为了增大对称轴线上底部波形控制器的速度,可将其制作成锥形的、分段式的形式,为了增大对称轴线上药型罩碰撞区速度,同样可采用专门药柱来增大波形控制器的速度 v_z。

底部移动的最大速度取决于由底部材料形成聚能射流和波形控制器材料的固定。底部材料破坏聚能射流形成,这是不允许的。可用波形控制器的结构、质量及整体聚能射孔弹的结构来解决。

由于底部和药型罩相互作用,药型罩材料在对其爆炸压缩过程中沿底部表面滑动,达到增大药型罩部分材料在对称轴上的压垮角和聚能射流较高的最大速度,在波形控制器冲量足够的条件下,这个速度可远远超出射流材料气体动力学范围。可采用各种不同的方式和装置来增大炸药药柱爆轰产物压力冲量的传输效率[16-19]。例如,可采用低密度和高密度材料组成的在冲击波运动方向厚度减小的不同表面形状的结构在爆炸过程中增大所传输冲量,也可使用将板和套多级加速到高速度的方式。借助这个方法,可将板或套加速到接近爆轰速度以上的速度,在聚能射孔弹中采用类似过程得到高超速度聚能射流将在随后各章节中研究。

如图 2.24 所示为带有截锥形药型罩超形成聚能射流的结构。聚能射孔弹的外壳直径为 44mm。射孔弹的外壳是钢外壳,厚度为 2mm,长度为 46mm,采用柱形药柱,炸药采用密度为 $1.66\mathrm{g/cm^3}$ 的钝化黑索今,等厚度锥形铝药型罩的锥角为 50°,药型罩的壁厚度为 0.5mm(为药型罩端直径的 1.25%),小端的直径为 16mm,大端的直径为 40mm。药型罩的底部用直径为 16mm 和壁厚度等于 1mm 的钢制作而成。采用以 3km/s 速度撞击炸药药柱和形成平面波铝圆盘作为传爆器。

如图 2.25 所示为起爆 3μs 时的状态和速度(v_z、v_r)曲线图。爆轰波压缩药型罩,药型罩小端沿底部 – 波形控制器滑动,药型罩材料在对称轴上的压垮角增大,接近 180°。底部的形状发生变化,变成向射孔弹底方向凸出的形状,更增大了药型罩材料在对称轴上的压垮角。药型罩罩端压缩径向速度等于 1.434km/s,而轴向速度 v_z 等于 3.259km/s。

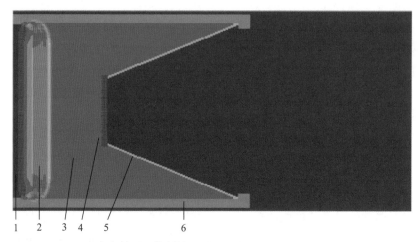

1—传爆器；2—爆轰产物；3—炸药；4—底部波形控制器；
5—药型罩；6—外壳. 阴影所示为等压力线。

图 2.24　装药结构图

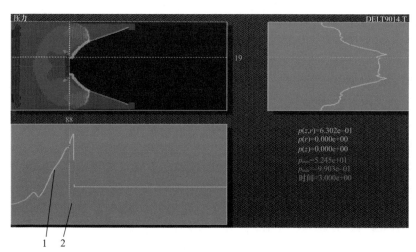

1—轴向速度 v_z；2—径向速度 v_r。

图 2.25　起爆 3μs 时形态和速度(v_z、v_r)曲线图(等压力线分布图)

　　起爆 4.6μs，对称轴上的药型罩材料就发生压垮并形成聚能射流，见图 2.26。所形成的铝聚能射流最大速度等于 14.65km/s。底部—波形控制器继续在聚能射流运动方向以 2.982km/s 的速度运动，压缩以 1.144km/s 速度运动的杵体。对药型罩最大的径向压缩速度等于 2.831km/s。射流拉伸区聚能对称轴上的最大压力为 57.8GPa。压力的第二个最大值位于底部—波形控制器与杵体相互作用的区域。

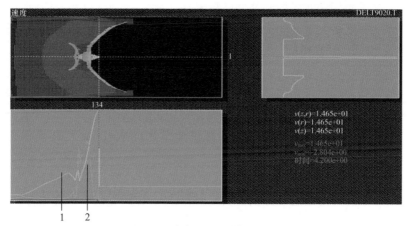

1—速度v_z；2—压力。

图 2.26　起爆 4.2μs 时刻形态以及速度(v_z)和压力(p)的曲线图。

(速度 v_z 的等水平线分布图)

如图 2.27 所示为起爆 7.6μs 时的形态和速度(v_z)曲线图。这时已形成了直径大于杵体直径的高速聚能射流,聚能射流头部中的射流最大速度略有减小,等于 13.5km/s,在射流中形成了 13.5km/s 到 8km/s 的使射流拉伸的速度梯度。

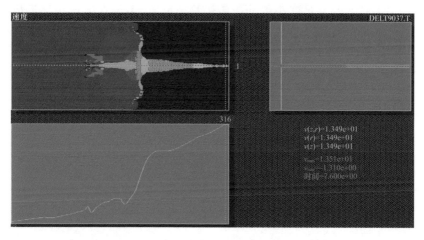

图 2.27　起爆 7.6μs 时刻形态和速度(v_z)曲线图(速度 v_z 的等水平线分布图)

此刻压缩药型罩材料的最大径向速度位于对称轴线 1.5mm 药型罩半径上,而在这个点中的速度 v_z 等于 3.8km/s。

杆体的最大速度为4km/s,杆体的最小速度减小了,为400m/s左右。杆体的材料击穿了底部–波形控制器并破坏了它。

杆体的密度略大于聚能射流的密度,相应等于2.85g/cm³和2.7g/cm³。

与前几次计算中相同,射流形成区域周围的爆轰产物具有7.6GPa的高压力。

石油射孔弹既要求大穿透深度又要求大孔径。带有铝药型罩和高速射流的聚能射孔弹可有效使用在大孔径石油射孔弹中,这种石油射孔弹与带有高密度金属药型罩射孔弹区别小,不仅能够提供异常大的入孔,而且还提供射孔的深度。

众所周知,除了油井聚能射孔弹以外,还有枪射孔弹,将带有曲线型枪管的射孔枪放入油井内并通过油井设备实施射孔[20]。这种射孔相当有效,但是钻孔机外形尺寸和将结构一次放入油井内时射孔数量少就使得枪弹射孔与爆炸射孔相比没有竞争力。

以超聚能方式形成聚能射流就能够形成足够粗的高速射流和与聚能射流直径相同的杆体。这样一来,整个药型罩质量都可参与穿透石油井岩石过程,同时既具有枪弹射孔的优点,也具有聚能射孔的优点。并且已确定这种射流的速度可为4~6km/s,当然,由于速度高,就具有比枪弹射孔高的效率。

故而我们来研究对装有高密度底部波形控制器的等壁厚截锥体铜药型罩聚能射孔弹的计算,这种底部波形控制器在爆轰波和爆轰产物对其作用后就将持续时间长的,然而幅度足够小的冲量传输给药型罩,不会在射流头部形成高速度,但当它长时间作用于杆体时,会对杆体加速。如图2.28所示为这类聚能射孔弹的结构模型。

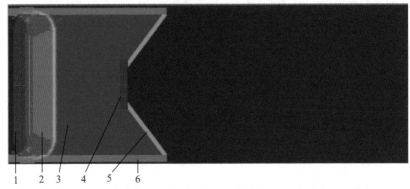

1—传爆器；2—爆轰产物；3—炸药；4—波形控制器；5—药型罩；6—外壳。

图2.28　结构模型

聚能射孔弹壳体是直径为 44mm、厚度为 2mm、长度为 31mm 的钢外壳。炸药采用密度为 $1.66g/cm^3$ 的钝化黑索今，截锥形药型罩为锥角为 130°的等壁 0.85mm（药型罩口部直径的 2.125%）的厚铜药型罩，小端外径为 14mm，大端直径为 40mm。药型罩的底部装置采用直径为 14mm，厚为 1.5mm 的铅制作。采用以 3km/s 速度撞击炸药并形成平面波阵面爆轰波的铝圆盘作为起爆器。

在药柱起爆后，在爆轰产物的作用下药型罩开始压垮，并同时与波形控制器相互作用。如图 2.29 所示为起爆 5μs 时的状态、速度（v_z）曲线图和径向速度（v_r）曲线图。药型罩的小端被压缩并沿底部滑动。底部装置的形状发生变化，变成向药柱底方向凸出的形状，更增大对称轴上药型罩压垮角。药型罩末端的速度 v_z 为 2.852km/s。

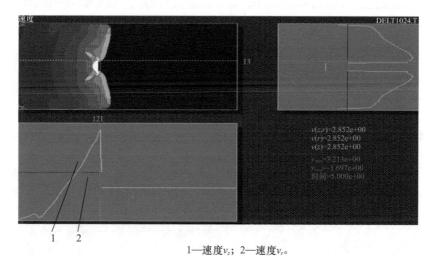

1—速度v_z；2—速度v_r。

图 2.29　起爆 5μs 时射孔弹的状态和速度（v_z、v_r）曲线图（所示云图为 v_z 等水平线）

如图 2.30 所示为射孔弹起爆后 13.3μs 时的状态和速度 v_z 的曲线图。该时刻形成了直径大于杵体的聚能射流，对称轴上药型罩材料的压垮角超过 180°。所示杵体与波形控制器的相互作用过程中，杵体沿对称轴被拉长了，杵体速度为 2.5km/s 左右，而且杵体的速度沿其截面分布是不均匀的。在对称轴上速度最小，在杵体的外缘速度最大，就出现对杵体加速并微增大它的直径。聚能射流的最大速度为 5.7km/s 左右。

杵体和聚能射流进一步拉伸，射流和杵体直径趋于相同，与底部波形控制器材料构成的相同尺寸的铅圆柱体进入杵体中，见图 2.31。铅圆柱体的最小速度略大于 2km/s。

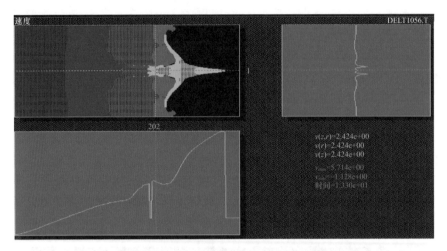

图 2.30　起爆 13.3μs 时的射孔弹状态和等速度(v_z)曲线图

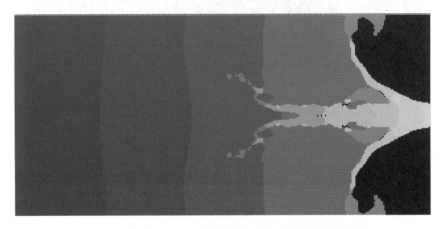

图 2.31　起爆 17.7μs 时射孔弹状态(v_z等速度线分布图)

由大锥角铜药型罩形成了直径比杵体直径大的、最大速度为 5.7km/s 的聚能射流。

杵体最小速度为 2.3km/s,最大速度为 3.1km/s。由波形控制器形成速度为 2.1km/s 直径不超过杵体直径的柱状物。聚能射流和底部附加物体形成最小速度高于穿透石油岩石时的临界速度的柱状物体。

通过图 2.32 所示的聚能射孔弹的例子来研究由截短的铜药型罩形成高速聚能射流的可能性。聚能射孔弹采用了不带外壳的直径为 44mm、长度为 45mm柱形装药结构。炸药采用密度为 1.9g/cm³的黑索今,截短面锥形药型罩采用锥角为 80°的 1.15mm(药型罩口部直径的 2.74%)等壁厚铜药型罩,小端外径为

10.6mm,大端直径为 42mm。波形控制器材料为钢,如图 2.32 所示,其底部的最小外径为 6.8mm,最大外径为 10.3mm。波形控制器上的药型罩为内腔直径为 2mm、长度为 5mm 的锥形结构。波形控制器的厚度为 2.4mm。采用以 2km/s 速度铝圆盘撞击起爆装药产生的平面波压缩形成。

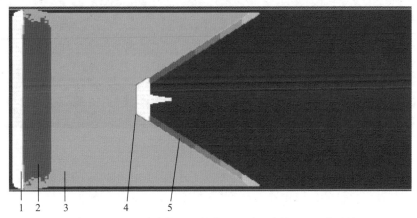

1—起爆管;2—爆轰产物;3—炸药;4—波形控制器;5—药型罩。

图 2.32　装药结构图

　　为了得到高速聚能射流,选择了能量比黑索今大的炸药,减小了药型罩锥角,给射孔弹装备了由密度比药型罩材料密度小但厚度比药型罩厚度大的钢材料制作的波形控制器。在这种情形下,波形控制器材料通常在爆炸时与药型罩相互作用并破坏射流的形成。但是,波形控制器的结构保障波形控制器中心区滞后,并使其不与药型罩发生混合。波形控制器可为边缘较薄而中心加厚的轻质板状结构,保障在没有别的干扰材料的理想条件下药型罩构件在对称轴线上的碰撞。这是由于底部结构材料比波形控制器其余构件运动较为缓慢。药型罩材料的正面碰撞使对称轴线上的压力增大,其与射流同向运动的波形控制器一起保障聚能射流的最大速度。

　　通过将波形控制器制作成沿对称轴向厚度变化的部件,可使药型罩材料在正面碰撞使对称轴线上的压力增大,其获得最大轴向速度。到药型罩材料在对称轴上压垮时,波形控制器不妨碍药型罩材料碰撞,并且不允许炸药柱爆轰产物进入药型罩内腔,见图 2.33。

　　因此,在保障波形控制器中心区缓慢运动,并在对称轴线上留出药型罩碰撞成形空间及药型罩在与波形控制器相互作用时不破坏射流形成条件下,波形控制器不仅可采用密度比药型罩密度大的材料,而且还可采用密度比药型罩密度小的材料。

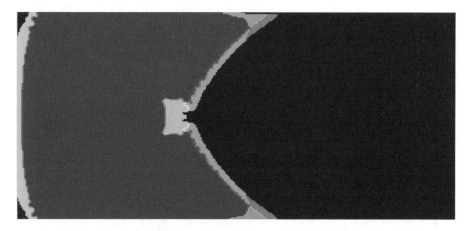

图 2.33   起爆 4μs 时射孔弹状态

如图 2.34 所示,起爆 5.8μs 后,形成了速度为 10.6km/s 的聚能射流头部。波形控制器将自己的冲量传输给药型罩并以 1.487km/s 的轴向速度运动,在波形控制器的外缘上波形控制器的速度 v_z 最大(1.925km/s),在对称轴上波形控制器的速度 v_z 最小。药型罩轴向速度 v_z 分布的峰值具有拐点,这个拐点说明,这个射孔弹需要对药型罩和波形控制器进行匹配,因为这是速度拐点分离的征兆,即在这个区段射流速度梯度过大。与猜测一致,在起爆 7.6μs 后发生了材料与聚能射流头部的分离,如图 2.35 所示。

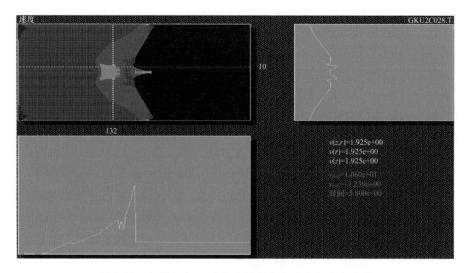

图 2.34   起爆 5.8μs 时射孔弹状态和速度(v_z)曲线图

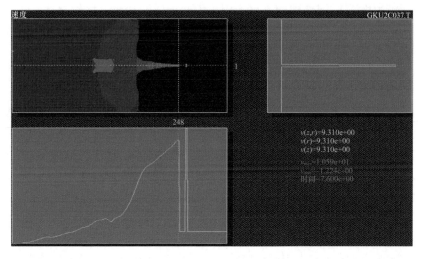

图 2.35　起爆 7.6μs 时射孔弹状态和速度(v_z)曲线图(等轴向速度线分布图)

在起爆 7.6μs 后,聚能射流头部的速度减小到 9.3km/s,而从射流头部分离的材料块的速度为 10.59km/s。到这个时刻,对称轴上药型罩的压垮角已经大于 180°,并随后持续增大,从而增大进入聚能射流的药型罩材料质量。

如图 2.36 所示为起爆 16.2μs 时刻射孔弹状态和速度 v_z 曲线图。聚能射流头部超出计算场范围,射流末端的速度为 2km/s,杵体实际上被破坏了。杵体中出现气孔的原因是药型罩外表面上产生的缺陷,见图 2.34。波形控制器材料的直径不超过所形成聚能射流的直径。

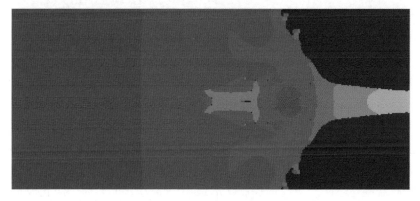

图 2.36　起爆后 16.2μs 时射孔弹状态(等轴向速度水平线分布图)

这个仿真模型表明形成铜聚能射流的可能性,这种射流具有传统聚能方式特有的头部超过 9km/s 的最大速度和正常的速度梯度。

必须指出,聚能射孔弹中不仅采用了中心加厚的轻质波形控制器,而且还采用了小角度药型罩。如果要得到较高速度,那么,不仅必须增大波形控制器的直径,而且还必须减小药型罩的角度,除其他因素之外,这会保障对称轴线上的压力值(依靠增大 v_r),意味着保障射流的最大速度。最大速度是在对称轴线上药型罩压垮角接近 180° 的条件下实现的。药型罩在对称轴上碰撞时最大压力在径向速度矢量沿对称轴线法线处。如果径向速度大,则波形控制器作用无效果,那么,就会产生内部爆炸聚能射流材料径向飞散并在射流中心区形成空洞。这是由于药型罩材料构件沿法线碰撞并同时在对称轴线上释放大量能量。轴向速度分量和自由表面的存在会减小所产生的压力导致射流速度增加。

前面仿真计算结果表明,在压垮角超过 180° 的非稳态碰撞时产生粗大的聚能射流和相对聚能射流反方向运动的负速度的杆体。但是在上面数值计算中,未发现杆体的负速度。假设,存在有这种射流,但是它们由于各种药型罩材料与波形控制器材料的相互作用而被掩蔽。为了发现具有负轴向速度杆体存在的可能性,对图 2.37 所示的聚能射孔弹进行数值仿真计算。

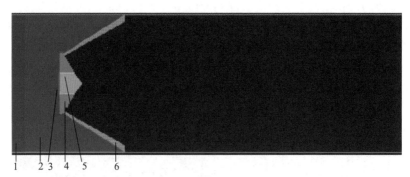

1—带有平面波阵面的爆轰比;2—炸药;3—有机玻璃盘;4—钛波形控制器;
5—钢波形控制器;6—铝药型罩。

图 2.37   装药结构图

直径为 80mm 的射孔弹中采用了锥角为 79° 的变壁厚铝药型罩。药型罩的最小壁厚为 0.6mm,药型罩口部厚度为 2.5mm,药型罩小端的直径为 34mm。采用了由各种不用材料组成的锥形波形控制器。沿对称轴配置了厚度为 3.3mm、直径为 12mm 的钢质截锥体形波形控制器。在钢波形控制器周围安置了钛合金波形控制器零件。钛合金波形控制器的最小厚度为 1mm。为了防止波形控制器出现分离的可能,从外边安置了直径为 12mm、混合厚度为 2mm 的有机玻璃盘。药柱的高度为 48mm,炸药采用了密度为 $1.75g/cm^3$ 的黑索今。用直径为 80mm 和厚度为 2mm 的钢盘以 2km/s 速度撞击装药形成平面波。

波形控制器的上面部分由钛组成,而中心部位由密度较大的钢组成。密度较小的钛在药型罩压垮的开始阶段就完成了自己的工作,而密度较大的中心段将滞后于射流的运动并留出爆轰产物作用的空间,以便杆体(反向射流)冲出。自由空间保障稀疏波形成及通过并进入药型罩碰撞区。

这个假设已被所进行的仿真计算验证。起爆 4μs 后(图 2.38)波形控制器钛零件就具有超过 2km/s 的轴向速度,而中心的钢零件仅具有 0.7km/s 的轴向速度。

图 2.38 起爆 4.0μs 时射孔弹状态和速度(v_z)曲线图(等轴向速度线分布图)

药型罩在得到附加的轴向速度后就远离钢波形控制器,射孔弹状态图机图 2.39 所示。

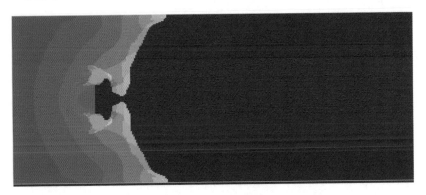

图 2.39 射孔弹状态图(等轴向速度(v_z)线分布图)

所形成的聚能射流最大速度为 13.78km/s,而杆体的最小速度为 3.842km/s,如图 2.40 所示。

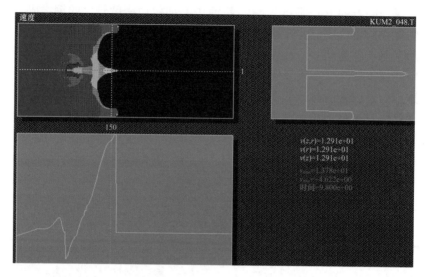

图 2.40 起爆 9.8μs 时射孔弹状态和等轴向速度 v_z 曲线图

如果取消射流形成区附加物体 – 爆轰产物或波形控制器作用,在特种射孔弹中就可能有与聚能射流速度方向相反的杵体。

为了得到药型罩材料所允许最大速度的聚能射流,必须采用可能小锥角的药型罩。但是,可通过另一途径——增大波形控制器的效率,从而增大聚能射流的速度。例如,附加装置可以分为高密度部分和低密度部分两部分,低密度部分被爆炸产物加速并将冲量传输给高密度部分[1]。如图 2.41 所示为此种射孔弹装药结构图。

1—带有平面波阵面的爆轰波;2—炸药;3—铝波形控制器;4—钢波形控制器;5—铝药型罩。

图 2.41 装药结构图

　　铝波形控制器可为圆锥状,而钢波形控制器可为平面圆盘状。直径为80mm、长度为48mm 的聚能射孔弹由铝药型罩、组合波形控制器、炸药药柱和传爆器组成。射孔弹的基本特性除波形控制器外与图 2.37 所示的射孔弹数据相同。组合式波形控制器由直径为 36mm、厚度为 2mm 的铝圆盘和锥角为 149°、直径为 36mm、厚度为 0.96mm 的空心钢锥体构成,如图 2.41 所示。

　　在射孔弹起爆9μs 后药型罩材料在对称轴上的碰撞,并形成杵体和聚能射流,如图 2.42 所示。聚能射流的最大速度为 15.58km/s,所形成的杵体击穿了波形控制器。

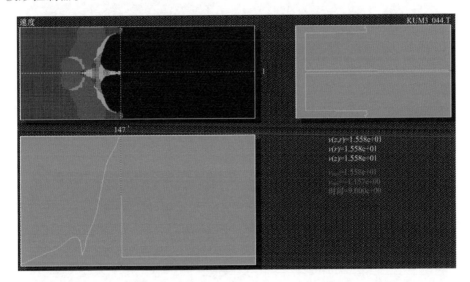

图 2.42　起爆 9.8μs 时射孔弹状态和速度(v_z)曲线图(等轴向速度线分布图)
聚能射流的最大速度 v_z 为 15.58km/s

　　在 11.4μs 时,图 2.43 中,由于射流头部出现了射流粒子分离,分离后聚能射流的最大速度变成了 14.12km/s。

　　射流分离区和对称轴中心区中的压力很大,如图 2.44 所示。所形成的聚能射流最大直径为 20mm 左右(弹径的 25%)。射流的最小速度为 4km/s 左右。被破坏的钢和铝组成的波形控制器清晰可见。

　　对于实际所用的聚能射孔弹[20],需要大直径的高速射流,而弹本身的直径通常大于 100 ~ 300mm。

　　在这种情况下,对药型罩最合适的材料是纯铝或纯铜。作者研究表明,聚能过程中这种无杂质的刚塑性材料,适合在对油井射孔中使用[31-32]。

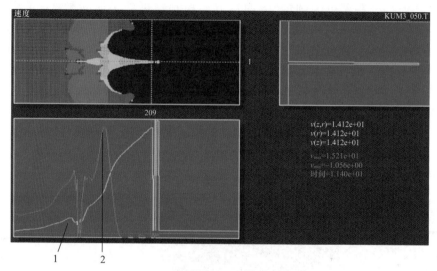

1—轴向速度v_z；2—压力。

图2.43　起爆11.4μs时射孔弹状态,等轴向速度(v_z)曲线图和压力曲线
所示为等轴向速度线

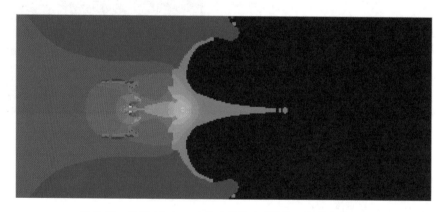

图2.44　起爆11.4μs时射孔弹状态图(等压力线分布图)

　　我们来研究带有钢波形控制器的高纯度铝药型罩射孔弹。如图2.45所示为口径为100mm不带外壳的聚能射孔弹。炸药采用密度为1.75g/cm³黑索今。药型罩材料密度为2.7g/cm³时聚能射流最大速度为15km/s左右。

　　聚能射流的最大直径为20 mm,如图2.46所示。聚能射流最小速度为5km/s。杵体的直径比聚能射流的直径小很多。必须指出,在这个数值计算中未对装药结构进行优化。

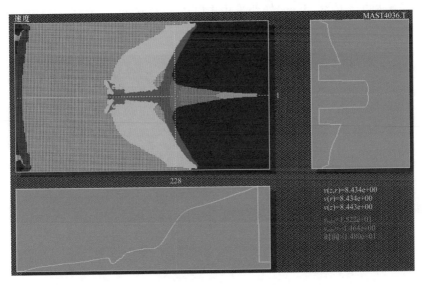

图 2.45　起爆 14.8μs 时射孔弹状态图和等轴向速度(v_z)曲线图

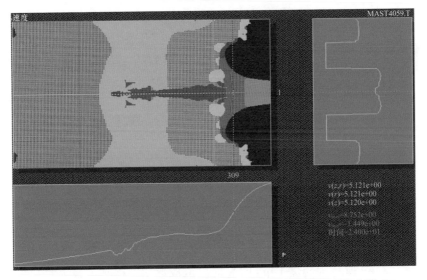

图 2.46　起爆 24.0μs 时射孔弹状态图和等轴向速度(v_z)曲线图

如图 2.47 所示,将药型罩锥角减小,同时减小药型罩壁厚,研究直径为 40mm 的带有铝药型罩和钢波形控制器的聚能射孔弹。采用锥角为 46.9°、厚度为 0.4mm 左右的等厚度药型罩。小端和大端的直径相应为 9.6mm 和 40mm。在直径 8mm 时,钢波形控制器在对称轴上的最小厚度为 1mm,最大厚度为

2mm。药柱的长度为55mm,炸药采用密度为1.75g/cm³的黑索今,采用端面冲击起爆。

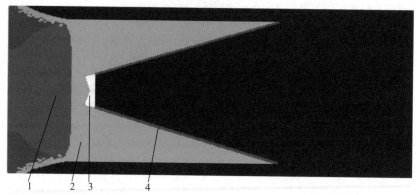

1—爆轰产物; 2—炸药; 3—钢柱塞; 4—铝药型罩。

图 2.47 装药结构图

如图 2.48 所示为所形成的最大速度超过 14km/s 的聚能射流。

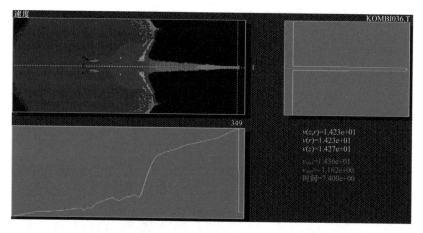

图 2.48 起爆 7.4μs 时射孔弹状态和速度(v_z)曲线图

如图 2.49 所示为起爆 10μs 时聚能射流成形图。得到了最大直径为 5mm 左右的聚能射流,这为聚能射孔弹直径的 12.5%。聚能射流最大速度为 14.31km/s。对称轴上的杵体和聚能射流的密度相等。药型罩的厚度接近传统聚能装药结构进入射流中的金属层厚度。对称轴药型罩压垮角大于 180°。采用薄的铝药型罩超聚能装药可从药型罩得到的仅是射流和质量很小的杵体。

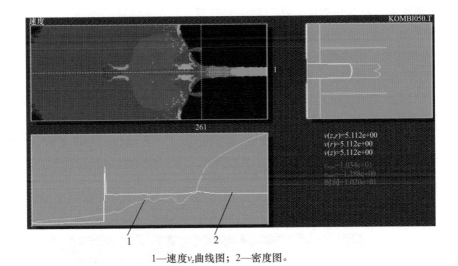

1—速度v_z曲线图；2—密度图。

图 2.49　起爆 10.2μs 时射孔弹状态,速度(v_z)曲线图和密度图

(所示云图为 v_z 方向速度等速度线)

如果采用超薄铜药型罩,进入射流的金属厚度实际上将减小一半,另外还有对超薄铜药型罩压垮时的不稳定性。在对铜罩压缩时,在药型罩上就会出现波纹,因而在对波纹罩压缩时,射流形成过程就会被破坏。在文献中,这个问题是通过在药型罩上采用特殊初始波纹的途径解决的。只有在增大初始角度,但同时减小罩母线的长度和限制进入射流中金属质量的条件下方可实现。在采用薄药型罩,特别是低密度金属药型罩时,药型罩的长度可大一些,药型罩可被拉伸得比在传统聚能射流大。对于高密度金属,只有在铜药型罩厚度增大(但相对于射孔弹直径依然较薄),增大射孔弹直径才可实现这种过程。很明显,需要寻找一种折中或完全新的解决方案。如计算表明的那样,在对薄铝药型罩(厚度0.4mm 左右,射孔弹直径 40mm)压缩时不会出现不稳定。这就提供了在射孔弹中采用超薄药型罩的可能性。当与传统聚能装药炸高相同时,相对薄的药型罩具备传统射流的优点,而且获得的射流头部速度和速度梯度大。

因此,通过减小药型罩中金属质量就可将射流拉伸到最大长度和最小直径。由于铝是低密度金属,在超聚能过程条件下铝的体积与铜相对较大,可将其充分拉伸,使铝聚能射流的长度比铜聚能射流的长度大一倍。在这种情况下,铝射流在靶板中的孔深与铜射流相同,或比铜射流的大,但是弹坑的直径比铜射流的大。后面的研究表明,在传统聚能区域,用同样直径,但长度不同的射孔弹使铝聚能射流和铜聚能射流穿透相同深度的钢靶也是可能的。在试验时,带有铝药型罩的聚能射孔弹穿透钢靶的深度为 4.3 倍装药直径。这使得,在岩石钻孔方面,使用低密度的铝药型罩射孔弹替代铜药型罩射孔弹将成为可能。

在传统聚能过程中,聚能射流药型罩材料在对称轴处压垮并以驻点为界产生杵体和射流。现在超聚能装药结构中没有杵体。但是,参与射流成形过程的高密度波形控制器质量替代了杵体质量。

我们来仔细观察相似情况下聚能射流成形时的压力,见表 2.2 和表 2.3。表中显示了聚能装药在 10～15GPa 范围内的等压力水平线。

表 2.2 和表 2.3 的计算数据表明,可用低密度金属制作药型罩形成聚能射流,使其壁厚约等于传统聚能射流形成层厚度为止,最终得到以超聚能方式发挥功能的聚能射孔弹。

表 2.2 不同时刻结构压力云图

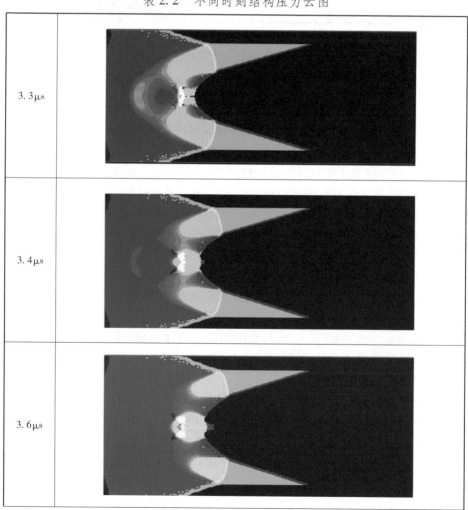

续表

4.0μs	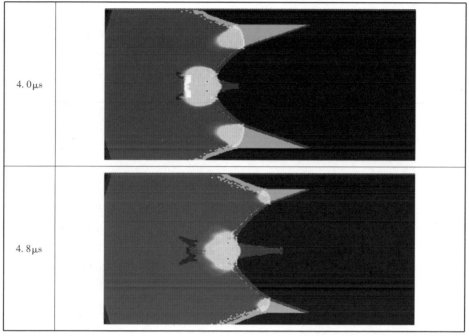
4.8μs	

表 2.3　不同时刻结构压力云图

5.4μs	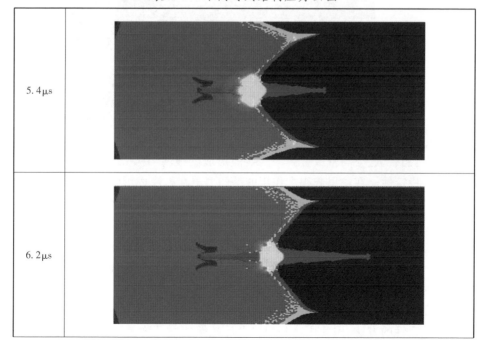
6.2μs	

续表

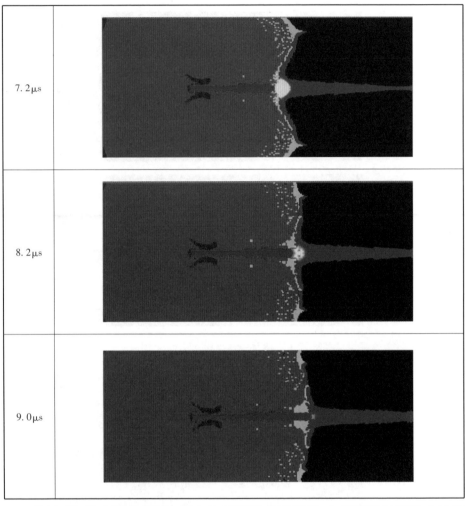

7.2μs	
8.2μs	
9.0μs	

　　像钢、铜、钛这类高密度金属中的射流形成层很薄,在超聚能射流形成过程中会失去稳定性。在这里起很大作用的是药型罩在射流成形阶段从波形控制器所得到的冲量。而聚能压缩时薄的高密度药型罩不稳定性问题是迫切要解决的。

　　考虑到传统聚能过程中,射流形成层厚度随着射孔弹直径的增大而增大。对于每一种材料来说,存在着工艺问题和不稳定性问题,在这种薄药型罩中影响超聚能射流的直径。

　　然而,发现存在有解决高密度金属(例如,铅、铜和其他材料)的薄药型罩射孔弹不稳定性的方法,因此用这些金属设计超聚能射孔弹是可以实现的[1]。首先我们来研究计算中的不稳定性,以便解决在小口径中实际使用高密度金属作为药型罩的问题。实际传统聚能中限制聚能射流最大速度的是金属声速和材料延展性。这在经济方面是极其重要的,因为在传统聚能射流形成时,大部分药型罩材料都进入杵体中,没有用于侵彻靶板。像钽、铜这类金属的使用能够节约大量的资金。

制作薄药型罩的工艺过程也是很重要的[1,32],适合的药型罩加工方法为电铸法。

也许,解决小直径的薄高密度金属药型罩问题的途径之一是在乔尔内 Г.Г. 院士带领下设计出的超聚能方法。切尔内 Г.Г. 院士制作出了根据计算结果在爆炸过程中没有失去稳定性的薄药型罩,这就是带有独特加强筋的锥形网纹药型罩[22-23],例如 PGR89 - MVH - 01 ,如图 2.50 所示。

可惜,我们无法对其进行建模计算。然而,根据文献[22-23],有穿透岩石试验,因此可以通过流体动力学来研究它。在这种装药结构中聚能分散射流是由部分网纹药型罩及其不同区段形成的。但是这一点没有被数值计算所证实,也没有这类聚能射流形成过程的 X 射线照片。

图 2.50　聚能射孔弹网纹药型罩

实际上,在这类聚能射孔弹中采用带有加强筋不会形成粗大杵体的薄药型罩。为此,药型罩的厚度为其大端直径的 1.2% ~ 1.65%。铜药型罩冲压而成。这种薄药型罩属于薄壁光滑的药型罩。在这些装药结构中可实现上面已研究过的,将聚能射流最大速度增大到超过气体动力学极限的波形控制器的超聚能结构。

上面对具有截锥体形状的药型罩进行了计算,也许形成这就是最佳形状的不正确印象。为了消除这个印象,我们对具有球形药型罩的聚能射孔弹进行计算。下面研究具有波形控制器、药型罩、平面波起爆器的聚能射孔弹。药型罩和波形控制器的材料不同,这种聚能射孔弹装药结构如图 2.51 所示。

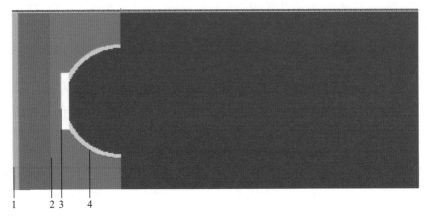

1—传爆器;2—炸药药柱;3—BHЖ-90合金波形控制器;4—半球形铅药型罩。

图 2.51   装药结构图

在这个聚能射孔弹中,药型罩采用铅制成的截顶截短等壁厚半球形。药型罩的外径为 16mm,炸药采用密度为 1.75g/cm³ 的黑索今,波形控制器用 BHЖ-90 合金制作。射孔弹的直径为 50mm、长度为 30mm。从射孔弹起爆到 4.2μs 时,药型罩材料沿波形控制器滑动并向轴线汇聚,如图 2.52 所示。

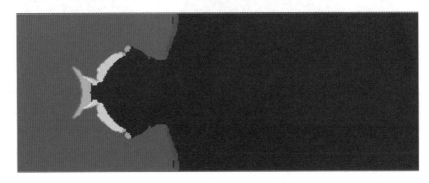

图 2.52   起爆 4.2μs 时射孔弹状态

红色表示在炸药爆轰时由于反射稀疏波卸压所产生的固体炸药层。

如图 2.53 所示为在聚能射孔弹起爆 7.8μs 时铅药型罩的聚能射流形成情况。在后续计算中,密度小于 0.2g/cm³ 的爆轰产物从模型中删除。所形成的铅聚能射流最大速度为 7.995km/s,射流头部中材料的密度为 11.29/g/cm³。

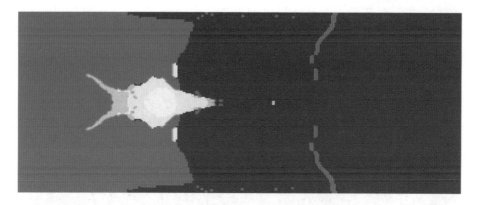

图 2.53　铅制药型罩聚能射流的形成过程

到 18.6μs 时形成了最大速度为 6.48km/s 的聚能射流。可看到射流形成过程中压垮角超过 180°,在图 2.54 上用箭头标明。

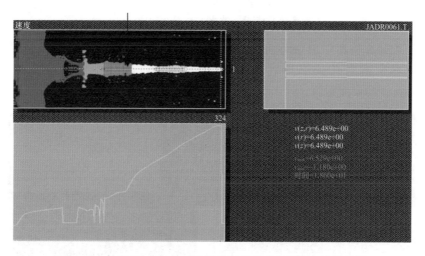

图 2.54　起爆 18.6μs 时刻铅聚能射流形态和速度 (v_z) 曲线图

这个效应在图 2.55 上看得更清楚。为了得到超聚能过程,必须增大波形控制器速度的冲量。在变化铅射流中的参数时,有时会出现疏松性(密度降低)。

多次计算结果发现,在对称轴线上的聚能射流中出现尺寸大的孔隙可以通过减小沿聚能射流的速度梯度消除。

到 20μs 时,部分聚能射流就冲出了计算场外,低速射流部分半径随着时间推移持续减少。

必须指出,在聚能射流发展史上曾多次试图用铅来做药型罩。但是,在传统聚能射流中没有波形控制器所提供的附加速度分量,因而这种聚能射流是低速的。

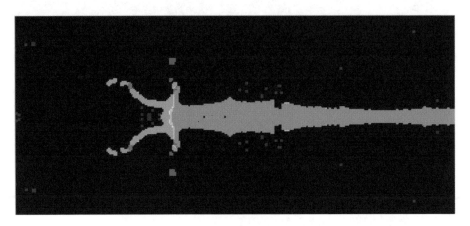

图 2.55 20μs 时铅射流形态,杆体的最小速度为 984m/s,最大速度为 2.976km/s,速度值聚能射流冲出判别界线时的速度

下面研究与图 2.51 所示完全相同的,但是带铝药型罩和钢波形控制器的射孔弹。在聚能射孔弹引爆后 5.4μs 时(图 2.56)就开始形成最大速度为 15.31km/s 的聚能射流。

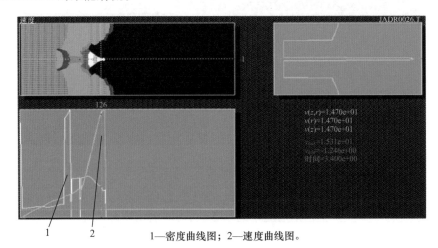

1—密度曲线图;2—速度曲线图。

图 2.56 起爆 5.4μs 时由铝药型罩形成聚能射流

在这种速度下,在聚能射流头部出现射流材料密度降低。在聚能射流材料的正常密度条件下,聚能射流的速度为 14.7km/s。在 9.8μs 时,所形成的聚能射流就开始冲出边界,如图 2.57 所示。材料以 15km/s 左右的速度从聚能射流

头部分离。密度小于 $0.2g/cm^3$ 的爆轰产物从模型中删掉。正如我们所看到的那样,用超聚能方式就可由带有波形控制器的半球形铝药型罩得到高速的聚能射流。

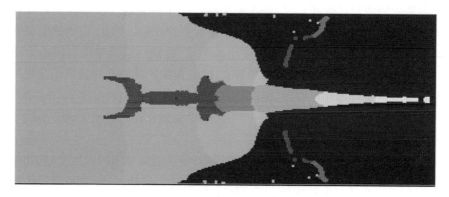

图 2.57　由半球形铝药型罩射流形成过程的发展

如图 2.58 形成了细杆体和聚能射流,聚能射流的最小速度为 3.568km/s,聚能射流与杆体分离。

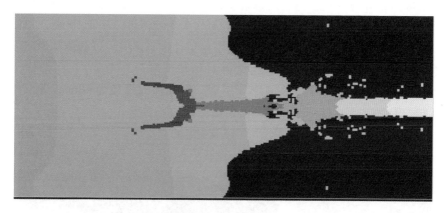

图 2.58　超聚能射流成形及射流与杆体分离

对于用铜制作的药型罩也进行了类似的计算,在计算中形成高速聚能射流和小直径的杆体。

这样就可由低密度和高密度药型罩材料设计出带有不同表面形状药型罩的聚能射孔弹。

回到薄药型罩上来,它们对于油井射孔所用的聚能射孔弹——带有无损的多次使用的弹壳和深穿透岩石的射孔弹实际应用来说是很重要的。但是,聚能射流形成时所产生的薄药型罩表面的不稳定性妨碍着它们的应用。

2.2 超聚能射孔弹中薄药型罩的不稳定性

在采用聚能射孔弹开孔时,希望采用尽可能小的装药量获得较大的开孔深度和开孔直径。在油井中开孔时,爆炸会使油井管变形。因此,应当研究开孔时如何提高炸药利用率的问题。为了减小炸药量,应减小形成聚能射流的金属质量。药型罩越薄,越容易用少量炸药对它压垮,而超聚能射孔弹提供了采用薄壁药型罩聚能射流可能性。但是,在形成细超聚能射流时,高密度薄内衬在爆炸压垮时会出现不稳定性。不稳定性的产生影响聚能射孔弹的射流形成。不稳定性既可能沿药型罩轴向也可能沿药型罩径向。

我们感兴趣的是当药型罩顶部已经压垮,而其他部分依旧未压垮时,药型罩顶部爆轰波对药型罩加载所产生的纵向不稳定性。此外,考虑为药型罩传输附加 z 方向速度的波形控制器撞击产生的影响。如果药型罩很薄,波形控制器对药型罩的撞击可导致药型罩沿轴线失去稳定性。

在形成超聚能时,采用特殊装置来改变压垮药型罩的爆轰波形状,以便保障药型罩成 180°角度压垮。这种特殊装置同时对药型罩撞击加速。因此,药型罩承受波形控制器这种撞击较敏感,可使它更快失去稳定性。

我们对薄的高密度药型罩压垮时的不稳定性进行研究。以截锥体形状的薄壁等厚度铜药型罩为研究对象,药型罩对称轴壁厚为 0.4mm,装药结构图如图 2.59 所示。在射孔弹上安装波形控制器。射孔弹的直径为 40mm,波形控制器材料为铅。

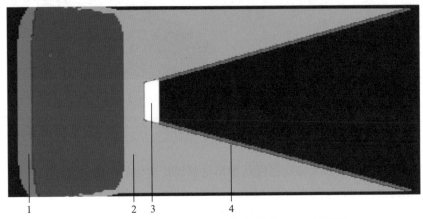

1—起爆剂; 2—炸药; 3—铅波形控制器; 4—铜药型罩。

图 2.59　装药结构图

起爆3.4μs后爆轰产物就开始压缩药型罩。由于稀疏波沿药型罩厚度方向增大,并在沿波形控制器表面运动使药型罩在加速过程中开始失去稳定性,如图2.60所示,而且在外表面出现幅度比药型罩内表面更大的不稳定性。

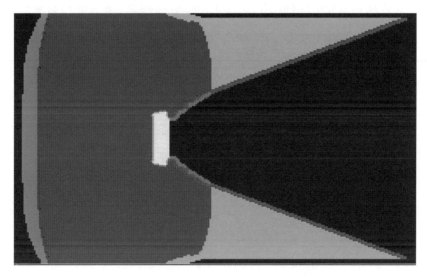

图 2.60　起爆 3.4μs 时药型罩表面不稳定性开始产生

不稳定性增长过程随时间而增大(图2.61),不稳定性幅度增大明显。在不稳性条件下,聚能射流开始形成。药型罩外表面上的不稳定性幅度值比内表面上大很多。内表面上的不稳定性在药型罩材料流入射流形成区之前就直接出现了。

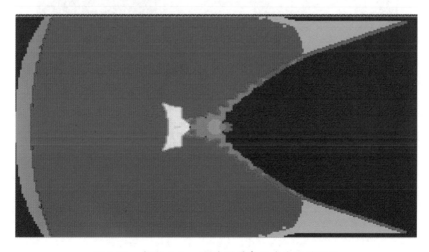

图 2.61　起爆 4.2μs 时药型罩表面产生不稳定性

在 6.2μs 时,炸药爆轰几乎结束,药型罩整个内表面都充满了波形不稳定性,而且外表面上的不稳定性幅度比内表面上的大。只是在进入碰撞区域前才出现了药型罩材料向射流中流动,如图 2.62 所示。按照当前的压垮角,药型罩材料流入杆体和射流中,所形成的聚能射流主要属性——长度和质量都消失。

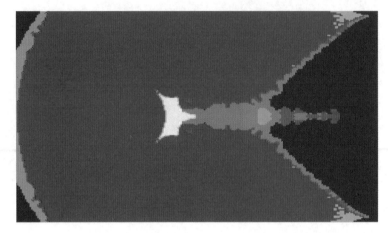

图 2.62　起爆 6.2μs 时药型罩表面的不稳定性和聚能射流的形成

因此,药型罩压垮过程中的不稳定性对射流成形有很大的影响。观察 0.02μs 时射流的形态,这种聚能射流的形成具有规律振荡特性。

观察增大药型罩锥角时的情况,与药型罩不相关的其余参数不变。药型罩锥角的增大使得药型罩外表面上不稳定性周期增大,如图 2.63 所示。

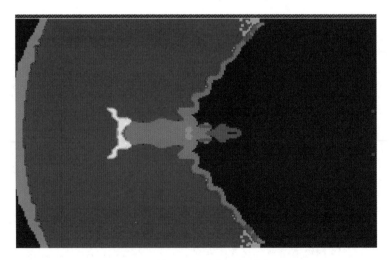

图 2.63　杆体和聚能射流振荡成形

药型罩材料进入杵体还是聚能射流取决于其进入碰撞区的压垮角角度。如果药型罩在对称轴上压垮角小于 $180°$，那么药型罩的材料就进入杵体。由于不稳定振荡特性，压垮角逐渐增大，大于 $180°$，就形成聚能射流。聚能射流直径开始激增并重复振荡过程，形成振荡射流和振荡杵体，如图 2.63 所示。

2.3　消除超聚能射孔弹中药型罩表面不稳定性

在带有相同壁厚薄壁铜药型罩的聚能射孔弹中分析锥角的影响，发现在薄壁药型罩的所有锥角条件下都出现了妨碍射流形成的振荡特性。针对药型罩外表面上产生较大幅度不稳定性的情况，试图采用辅助药型罩材料抑制药型罩外表面不稳定幅度的增大。考虑到药型罩内表面与外表面之间的流体动力学联系，作用力在消除外表面上不稳定性时也应平滑药型罩内表面上的不稳定性。

此外，研究表明在增大药型罩壁厚条件下，流体动力学不稳定性会减小直至消失。但是增大厚度会导致出现杵体和改变射流的特性。只有在射流形成初始段增大药型罩的壁厚，并随后减小药型罩厚度是可行的。

由于计算步长很小，计算周期不会影响药型罩压垮时的不稳定性。我们尝试用附加物体消除药型罩不稳定。

能消除不稳定性的聚能射孔弹如图 2.64 所示。聚能射孔弹由带有凹槽的药柱、截短的主药型罩和带有普通波形控制器的附加药型罩组成[1]。主药型罩材料为铜，辅助药型罩由复合材料（由在浸渍有黑索今丙酮溶液中的钢粉）制作而成。

在这种情况下，由金属粉末和在爆炸过程中能分解成气体成分的有机物质或其他物质构成的复合材料介质，其中包括由高密度的材料和炸药组成混合物。对这种活性混合物的试验表明，这些物质在爆炸后分散开，不妨碍以后的主过程。这类物质的爆轰波波阵面中通常没有热动力学平衡，甚至连铝也只是部分燃烧。计算中可能建立这种平衡介质的虚拟状态方程，以便定性地说明它们的形状。在实际生产中最喜欢用的不是黑索今，而是敏感度较低的炸药，例如，同样用可用丙酮溶解的，但敏感度较低的三硝基纤维素－炸药[1]，何况，它的二硝基纤维素——赛璐珞在一般条件下是绝对安全的物质，在实际中也用其制作儿童玩具，它在试验过程燃烧得快。试验正是用赛璐珞进行的，但是我们没有赛璐珞的状态方程，因此，选择了黑索今来试验。这类复合物的状态方程参见文献[24]，在该文献中建议建立复合物质的状态方程，如果其中已

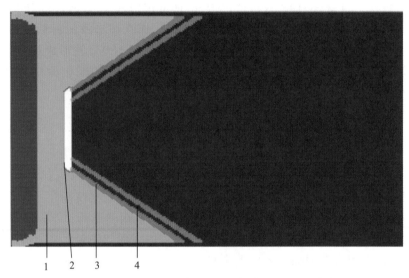

1—炸药药柱；2—波形控制器；3—辅助药型罩；4—主药型罩。

图2.64 消除由薄壁铜药型罩形成聚能射流时的不稳定性所用的聚能射孔弹

知每一种物质的状态方程，即可列出平衡状态方程[25]。该文献中证明，在薄层中黑索今的爆轰速度大约为2km/s。在实践中可使用的这种实际物质的形状已被用钢粉与对爆轰敏感度极低的物质——赛璐珞－二硝基纤维素的混合物试验所证实。

但是，在爆炸时粉末混合物（与空气、密度为2～5g/cm³的无机和有机物质混合物中纯粉末金属）也能够产生同样的效应。在大压力下，燃烧的粉末状零件会保证被破坏，不堵塞油井空间[1]。重要的是，这种零件在完成自己的功能后才发生破坏，此外，这种特种炸药可增大最大速度v_z。但是，此时主要作用是降低药型罩的不稳定性。这种物质应被分散并不包括在所形成的聚能射流中。

在薄壁高密度铜药型罩与辅助药型罩之间形成间隙[1,32]。辅助药型罩对主药型罩的撞击过程中，主药型罩产生不稳定性。此外，利用自己的附加质量在射流没有形成之前阻止药型罩不稳定性的增长。

如图2.64所示为这类聚能射孔弹。不带外壳的聚能射孔弹直径为41mm，辅助药型罩的厚度为1mm左右，而主药型罩厚度为0.4mm。虽然金属粉末材料通常在爆炸后被破坏，但是，为了可靠性，建议采用由物质粉末和含有大量氧的粘合剂构成的半活性粉末材料[1]。这类物质中的一种就是赛璐珞，这种材料在高压压缩后燃烧得很快。

　　实际上,在聚能射孔弹中采用附加药型罩就使得主药型罩运动稳定并形成粗大的聚能射流(图 2.65～图 2.67)。

　　如图 2.65 所示为起爆 2μs 时射孔弹状态。由薄铜药型罩所形成的聚能射流最大速度为 9.376km/s。药型罩实际上没有不稳定性的痕迹,尽管它是用薄铜制作的,厚度为 0.3mm 左右。聚能射流的形状不再是波浪状的,并在超聚能条件下具有普通形状。

　　到 14.40μs 时,聚能射流超出计算边界。射流末端的速度为 3.5km/s,没有杵体,聚能射流的直径为 5mm。在速度梯度的作用下,这种聚能射流将快速拉伸并得到传统聚能射流的所有优点。可采用这种聚能射流形成深射孔,可预先调整药型罩厚度并节约稀缺的铜。

图 2.65　起爆 2μs 时碰撞的不稳定性初始平滑阶段
(等轴向速度 v_z 水平线分布图)

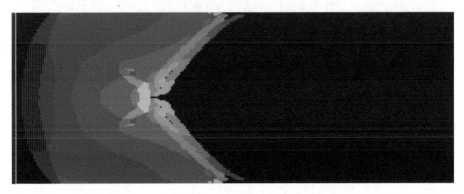

图 2.66　起爆 3.6μs 时主药型罩表面不稳定性平滑过程
(等轴向速度 v_z 水平线分布图)

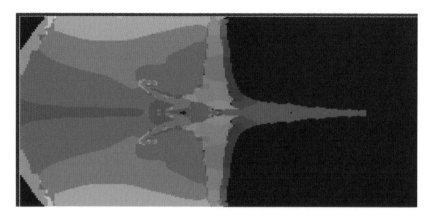

图 2.67 起爆 7μs 时主药型罩表面不稳定性平滑过程和射流的形成
（等径向速度 v_r 水平线分布图）

铅波形控制器残渣被转化为直径接近射流直径的物体并继续被压缩,同时在自身的速度梯度作用下拉伸,见图 2.68,最大速度为 2.7km/s,最小速度为 1.45km/s。

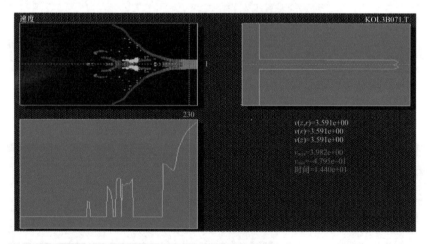

图 2.68 薄壁药型罩的铜聚能射流形成和轴向速度 v_z 曲线图

这样一来,波形控制器还具备穿透石油岩石的作用。波形控制器可用浸渍炸药或赛璐珞溶液的金属陶瓷制作,在结构爆炸后同样发生破碎。

用由黑索今丙酮溶液浸渍后的细钢粉末混合物作为辅助药型罩,这种物质在高压条件下或者低爆轰速度时就被破坏。当然,所有这一切都是基于理想气体状态方程和理想爆轰过程的。在计算中,这两种物质都没有粒子尺寸,如果它们很小,而且可认为燃烧时间是瞬间的,那么就可以忽略反应时间。计算时,我们预先确定破坏时这个物质的分解产物密度小于 $1g/cm^3$。

当然,对消除药型罩不稳定性的机理问题研究仍然不够。再回到辅助药型罩,在辅助药型罩的密度约为 $2 \sim 3g/cm^3$ 时,对铜的不稳定性消除得最好。因此,对密度为 $2g/cm^3$ 的 NaCl 辅助药型罩进行了初步计算。

如图 2.69(a)、(b)所示为上面所介绍的带 NaCl 辅助药型罩聚能射孔弹在 $8\mu s$ 和 $14\mu s$ 时药型罩不稳定性过程被消除的图片。聚能射流的最大速度为 $9km/s$。

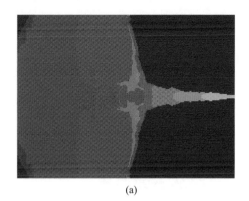
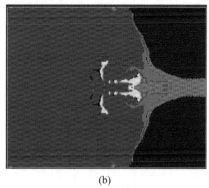

(a)　　　　　　　　　　　　　　　　(b)

图 2.69　在 $8\mu s$(a)和 $14\mu s$(b)时,带 NaCl 辅助药型罩聚能射孔弹中聚能射流的形成。
没有聚能射流的不稳定性,射流最大速度为 $9km/s$。辅助药型罩
材料在聚能射流后面聚集,不妨碍穿透障碍物(b)

在消除聚能射流形成过程爆轰产物对药型罩压缩时药型罩的不稳定性研究中,同时产生了采用像铅或其他密度较大的材料来冲击薄壁药型罩形成聚能射流的问题。铅的优点是密度比铜高、强度小、工艺性好、熔点低,缺点是材料声速小。在传统聚能射孔弹中,会大大减小所形成聚能射流允许的最大速度,这就意味着减小射流对目标的穿透深度。小强度也可能导致药型罩在运输时受撞击产生变形,因此需对铅施加辅助处理以限制其变形。超聚能射流成形方式可以解决材料声速小的问题。铅药型罩在压垮时的不稳定性我们将通过数值计算来说明。

前面在研究轴对称药型罩以 $180°$ 压垮角压缩碰撞时,我们发现,聚能射流绝对对称地以相同参数沿法线方向在聚能对称轴处汇聚。但是附加 z 方向速度的出现就破坏了这种对称性,并形成了高速聚能射流和低速度杵体。在超聚能射流成形过程中通常是没有杵体的。这是由于高密度的波形控制器的作用,在波形控制器周围产生高压力区。如果药型罩在对称轴线上碰撞无足够的速度矢量分量 z,那么,药型罩材料碰撞时会形成异常高的压力。这个高压力将药型罩材料抛散并破坏它的密实性。这是由于材料中的声速小造成的,致使自由面的

卸载未能及时减小对称轴线上的压力。

　　在形成聚能射流时就发生了改变药型罩材料流动的内部爆轰现象,因此需要知道怎样避免内部爆轰,以便在获得射流最大头部速度的同时获得很好拉伸的高密度聚能射流。模拟计算结果表明,对此需增加附加外部冲量 z,以便高压力区中的材料获得 z 分量,使被压缩物质在径向压缩速度(v_r)(速度矢量在径向的分量)作用下的势能转化为聚能射流的动能。如果用附加装置增加的动能足够,那么在利用径向速度分量提高对称轴线上压力的同时,就可使射流得到超高速度。因此,正如文献[1]中所规定的那样,采用金属材料或特种药柱形式的附加装置,或者它们的组合就可保障这种组合波形控制器所需的附加速度 z。

　　在传统聚能中,依靠药型罩自由表面反射冲击波所产生的聚能射流最大速度局限于药型罩材料的声速。在超聚能中,聚能射流的速度同样取决于物质的性能,但是,物质的速度可利用增加附加装置提高到非常大的速度。如此,我们就得到具有所需最大速度的聚能射孔弹设计方法。所需速度的值在很大程度上取决于研制聚能射孔弹和波形控制器设计。

2.4　聚能射孔弹中聚能射流形成时的内部爆炸

　　下面研究伴随内部爆轰的聚能射孔弹超聚能工作方式。用铅代替第 2.3 节中的主药型罩材料(图 2.64)并研究聚能成形过程(图 2.70 ~ 图 2.75)。起爆后 2μs 时,铜药型罩和铅药型罩的压缩过程无差别。到 3.6μs 时,主药型罩被压缩到了聚能射孔弹的对称轴线。在铅药型罩的外表面和内表面上就开始看得出与铜不稳定性的区别,见图 2.70。

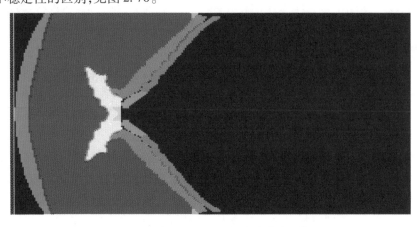

图 2.70　起爆 3.6μs 时铅药型罩的压垮

主药型罩在 4.0μs 时压垮,药型罩材料在聚能对称轴上碰撞区域中的压力增大到 52.7GPa,见图 2.71。

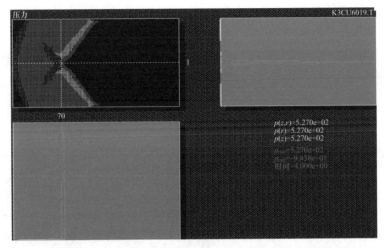

图 2.71　起爆 4.0μs 时铅药型罩的压垮和压力曲线

最大的超高压力出现在以 2km/s 左右速度沿 z 方向运动的高密度波形控制器与以 3km/s 径向速度(v_r)被压缩的药型罩材料之间,形成药型罩超聚能流时起着实质的作用。

药型罩材料以超过 2km/s 的最大速度在对称轴线上持续运动。在 4.4μs 时,药型罩材料中所蓄积的压缩势能造成物质飞散。对称轴线上的压力降到零,而沿波形控制器的药型罩材料飞散速度超过 8km/s,见图 2.72。沿半径的药型罩飞散速度为 8.111km/s。

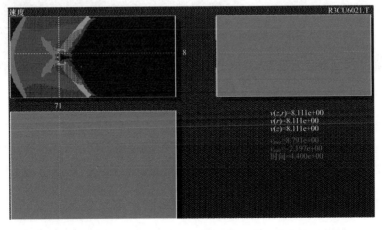

图 2.72　起爆 4.4μs 时铅药型罩的压垮和径向速度 v_r 曲线图

　　药型罩材料飞散的冲量传输给药型罩,药型罩就持续运动,而且不稳定性增大。到 $4.6\mu s$ 时,药型罩与以高速度持续运动的波形控制器接触压缩飞散的材料,增大右端的材料飞散速度,见图 2.73。$0.2\mu s$ 时,药型罩以 $1.8km/s$ 速度被压缩,扩展形成射流,见图 2.74。

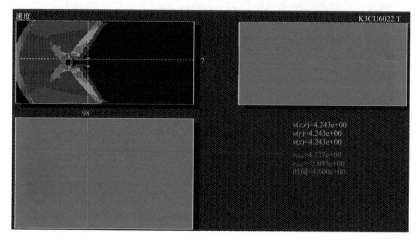

图 2.73　铅药型罩内部爆炸时孔洞的扩大和径向速度 v_r 曲线图

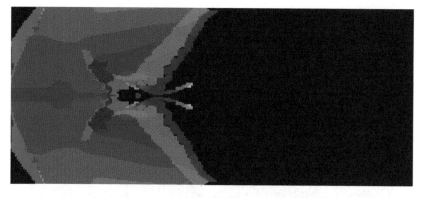

图 2.74　压缩孔洞和射流重新开始形成(等径向速度 v_r 水平线分布图)

　　在起爆 $5.8\mu s$ 时开始重复聚能射流形成过程,波形控制器落后于主药型罩。这时,在药型罩内表面的不稳定明显受到了抑制。在聚能对称轴上的聚能射流材料里出现了孔洞,射流粒子分离,虽然高质量聚能射流的形成过程被破坏,但聚能射流仍然在形成,见图 2.75。

　　正如以前所说过的那样,为了在聚能射孔弹中射流形成过程中没有内部爆炸,必须在药型罩上施加附加速度冲量 z。但是,在这个计算中波形控制器的能

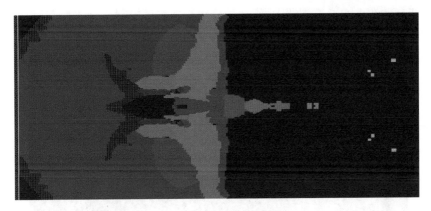

图 2.75 在内部爆炸和孔洞形成聚能射流(等轴向速度 v_z 水平线分布图)

量相对于射流形成能量是不够的。为了增大能量,我们将采用复杂的波形控制器。复杂波形控制器由附加炸药层的附加能量源组成,半球形药柱将其势能转化为动能并将动能传输给主波形控制器来形成聚能射流。这种聚能射孔弹如图 2.76 所示。在这种聚能射孔弹中附加药型罩 – 半球形药柱 – 波形控制器都连接在主波形控制器上[1]。波形控制器由浸渍黑索今丙酮溶液的钢粉末制作,在完成所需的工作后就将飞散。辅助药型罩也由这种材料组成,主药型罩材料为铅。

图 2.76 带组合波形控制器和铅主药型罩的聚能射孔弹

平面爆轰波到达波形控制器的半球形药柱时对其起压缩作用。半球形药柱被压缩后紧贴主波形控制器,但不会形成聚能射流,半球形药形罩的所有物质被撞击并分散在主波形控制器中,将冲量传输给主波形控制器,见图 2.77。

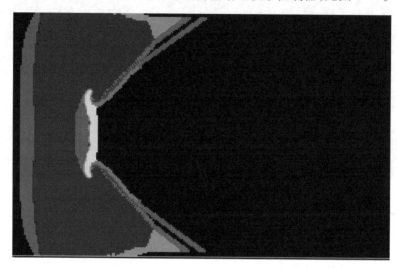

图 2.77　第二个附加装置——半球形药柱对主波形控制器的加速度

　　主药型罩的表面稳定性较好。在辅助药型罩材料与主药型罩撞击时不稳定性也逐渐减小。主药型罩沿波形控制器表面运动并同时被其加速,获得附加的轴向速度(v_z)。起爆 6.2μs 时就形成了以超聚能方式压垮,最大速度为 9km/s 左右的铅聚能射流,见图 2.78(a)。

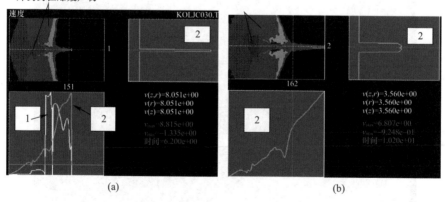

1—密度曲线图;2—轴向速度曲线图。

图 2.78　在 6.2μs(a)和 10μs(b)时的铅聚能射流形成

　　然而,在聚能射流头部段内存在着孔洞。这个孔洞沿头部段截面的密度小。这个效应是由于射流形成时主药型罩 z 方向速度 v_z 不够而产生的,因此,组合波形控制器还要增强,以便得到较高速度的聚能射流。除去这段后,铅聚能射流速度为 8km/s。如图 2.78(b) 所示为 10μs 时的铅聚能射流形成和轴向速度曲线图。

由图 2.78 可以看到聚能射流没有药型罩的不稳定性。聚能射流末端速度为 3.5km/s。如图 2.79 所示,聚能射流成形后期射流直径为 6mm 时,铅聚能射流的最小速度为 2km/s。

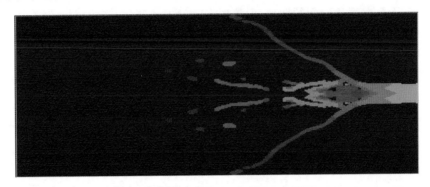

图 2.79 铅聚能射流末端密度为 2km/s

由图 2.79 可以看出,并不是整个药型罩都用来形成聚能射流,因此对药型罩的形状和射孔弹的参数还需优化,以便得到最佳的聚能射孔弹结构。高密度的波形控制器残渣以 1.480km/s 速度运动,这些残渣中与聚能射流直径尺寸相等的部分进入射孔,完成对含油岩石附加穿透。

这种带有薄壁药型罩的聚能射孔弹要求将其安置在不易被破坏的外壳中,射孔弹外壳主要对射孔弹内部装药起约束作用。重要的是,可采用高密度材料,而且是声速小的材料制作小直径射孔弹。这就可减少炸药质量,进而减小射孔弹对油井设备的影响。

对于采用铅药型罩的聚能射孔弹而言,8km/s 的速度不是极限,通过优化设计可以提高射孔弹的效能。这就表明,在超聚能区域存在着带有大质量聚能射流。在这种聚能射孔弹中,不仅可采用传统材料,还可采用像铅这类声速小的高密度材料,来得到大速度的聚能射流。

采用实际上不具有杆体的薄壁药型罩,需要很小的能量就能形成聚能射流,就意味着只需要很小质量的炸药。这对于保留外壳的聚能射孔弹来说很重要。

在提高作用效率条件下,带有薄壁药型罩的聚能射孔弹可大大节约药型罩材料。

据我们看来,若现无绕流高压力区旋转的聚能效应,就会降低对聚能材料及其结构的要求,例如采用某些合金和复合材料。

2.5   带厚壁药型罩的超聚能射孔弹

在带有薄壁药型罩的聚能射孔弹研究中表明,对于小直径的聚能射孔弹,不采用附加物体,也可以得到带有大质量射流和小质量杵体的聚能射流。

根据药型罩的壁厚,在开始时形成了杵体直径大于聚能射流直径的传统聚能射流,而随着爆轰时间的增加,射流形态就发生了变化,杵体变得较细,而射流变得较粗。聚能射流明显地从其传统形状变化到超聚能形状。这个事实从聚能的 X 射线可以看出。这些照片表明了从药型罩压垮角超过180°通常发生在聚能过程结束时。这一情况不仅出现在带有低密度药型罩的射孔弹中,还出现在具有很小锥角的射孔弹中[26-29]。在文献[28]中已详细研究过某些类型的聚能射孔弹聚能射流与杵体的分离过程。在聚能射流形成结束时,聚能射流质量增大,并发生射流与杵体的分离。分离过程中生成了能穿透障碍物的碎块。

这是在药型罩角度足够大的条件下发生的,这个阶段称为 APPENDIX[29]。除了 X 射线摄影外,对聚能射流形成过程用 Autodyn 的欧拉算法对轴对称(a)和线性(b)的带有 90°锥角药型罩的聚能射孔弹进行了模拟研究,见图 2.80。如图 2.80所示为起爆 $20\mu s$、$30\mu s$、$40\mu s$ 和 $50\mu s$ 时的射流形态模拟结果。

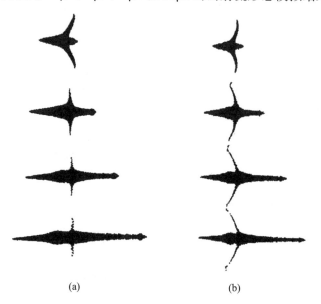

(a)   (b)

图 2.80   起爆 $20\mu s$、$30\mu s$、$40\mu s$ 和 $50\mu s$ 时轴对称聚能射孔弹中
(a)和线性聚能射孔弹中(b)的聚能射流形成[29]

先研究不带附加装置的、壁厚为 1.65mm，锥角为 68.24°铜药型罩的传统聚能射孔弹的工作过程。聚能射孔弹采用平面波冲击起爆。炸药采用密度为 1.9g/cm³ 的黑索今，射孔弹不带壳体，直径为 42mm。装药结构图如图 2.81 所示。

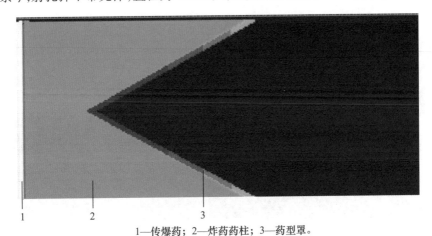

1—传爆药；2—炸药药柱；3—药型罩。

图 2.81　装药结构图

如图 2.82 所示为起爆 8.2μs 时的聚能射流形态。

在图 2.82 上可很好看到聚能射流的形成，只是药型罩内表面的薄层向前流动并形成射流。

此时刻聚能射流的最大速度为 8.152km/s。压力最大区域的 z 方向最大速度为 3.224km/s。杵体的最大速度为 1.122km/s，最小速度为 0.9km/s。

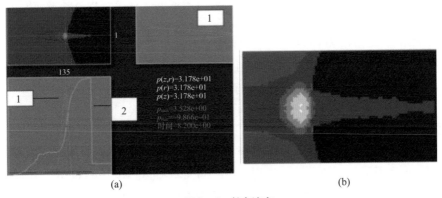

(a)　　　　　　　　　　　　　　(b)

1—压力；2—轴向速度 v_z。

图 2.82　在药柱爆轰后 8.2μs 时刻的铜聚能射流形成和曲线图(a)
和射流形成区域中等压力水平线放大图(b)

射流特性随时间变化的情况,见图 2.83。在 11.8μs 时药型罩在聚能对称轴上的压垮角度达到 180°。射流形成中心的最大速度变为 2.231km/s。在杆体上靠近聚能射流段 z 方向速度减小为 0.814km/s,而杆体的最大速度增大到了 1km/s。

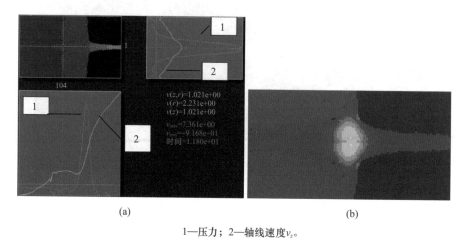

(a)   (b)

1—压力; 2—轴线速度v_z。

图 2.83 起爆 11.8μs 时铜聚能射流成形情况,药型罩材料在聚能对称轴上
的压垮角度增大到 180°和曲线图(a)和射流形成区域中
等压力水平线放大图(b)

最大压力区域离开了聚能射流底部(图 2.83(b)),保障了药型罩材料进入射流中的通道较宽。在这个图上可以发现黑点所处的杆体上的小凸部,这个小凸部是由杆体中的药型罩材料流流入射流所造成的。这个过程将随着时间的变化逐渐扩展。

如图 2.84 所示为 15.80μs 时的射流形态。在聚能射流底部附近杆体的质量明显减小。类似的效应在图 2.80 上也可看到[29]。这部分的特点是这个区域中杆体轴向速度 v_z 减小。射流带着药型罩材料向前运动,而杆体的末端区域碰撞材料。杆体的作用与附加装置相同。这部分杆体形成了压力图上标记点处的附加压力。

射流形成区域中最大压力区改变了自身的形状,见图 2.84(b),打通了药型罩材料进入射流的通道。这个过程随着时间而增强,到 16.20μs 时,压力区就已造成了进入射流的药型罩材料比进入杆体中的明显多,见图 2.85。由部分杆体运动所引起的压力第二个峰值增大。在药型罩材料压垮角超过 180°后,聚能射流底部后面马上出现杆体碎块。杆体的最小速度为 0.54km/s,而最大速度还是和原来一样,为 1km/s。

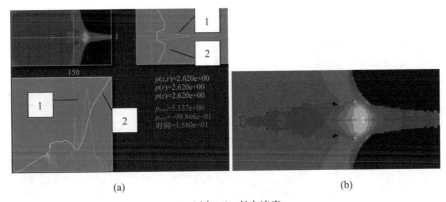

1—压力；2—轴向速度v_r。

图 2.84　起爆 15.8μs 时聚能射孔弹形态。聚能射流质量增大和杵体质量减小及
曲线图(a)和射流形成区域中等压力水平线图(b)

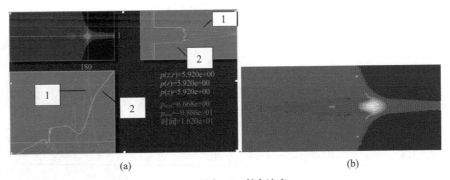

1—压力；2—轴向速度v_z。

图 2.85　起爆 16.2μs 时聚能射孔弹状态曲线图(a)
和射流形成区域中等压力水平线图(b)

　　射流形成区域中最大压力值减小,见图 2.86。这个区域明显影响射流强度
及形状。

　　从图 2.86 的结果可以看出,杵体中的药型罩材料持续向射流中运动,杵体
直径减小。杵体的碎块持续对杵体与射流之间的物质施压,而药型罩材料流同
样从这个区域带动材料进入射流。

　　如图 2.87 所示为射流形成区域中等径向速度水平线(v_r)。与药型罩衔接
的暗色区域具有负的径向速度值,也就是说,出现了材料压缩,材料向中心运动
(在图上用箭头标明)。这个区域的左边杵体直径增大,径向速度v_r具有正值、
区域压力峰值减小。

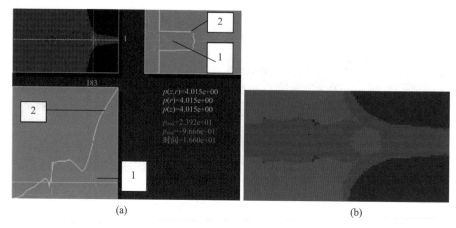

(a)　　　　　　　　　　　　　　　　　(b)

1—压力；2—轴向速度v_z。

图 2.86　起爆 16.6μs 时聚能射孔弹材料曲线图(a)和
射流形成区域中等压力水平线图(b)

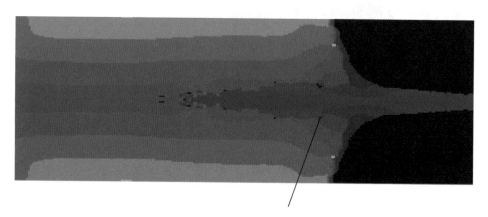

图 2.87　射流形成区域中的材料流(16.6μs 时的等径向速度(v_r)线分布图)

药型罩压垮角度达到甚至超过 180°取决于射孔弹参数,如聚能射孔弹有无壳体、壳体厚度、壳体密度、射孔弹是否沿整个长度都有壳体,或者只有部分壳体,药型罩的壁厚,药型罩大端四周有无炸药。当然,还取决于药型罩的锥角,炸药的特性、炸药的爆轰方式等。如可以确定,存在组合聚能射流,开始是附近带有高压力区域的传统聚能流和在药型罩呈大于 180°压垮时的过渡聚能流。这种组合流可在大多数聚能爆炸中看到,特别是带有薄壁药型罩和薄壁低密度外壳的聚能爆炸中。

对于有厚的高强度壳体的聚能射孔弹而言,完全利用传统聚能阶段时,为了

增大速度 v_r 矢量,总是较合理地减小药型罩的锥角,采用小锥角时就不会以超过 180° 的压垮角压垮药型罩。试验研究表明,美国聚能射孔弹研制人员采用了文献[27]所引用的标准,在该文献中使用了锥角为 42° 的药型罩。

我们来对这种基准聚能射孔弹进行计算。对基准聚能装药实施点式引爆,在本计算中采用平面波起爆。如图 2.88 所示为针对聚能射孔弹的结构:它们的锥角相同。不带附加物体的聚能射孔弹聚能过程如表 2.4 中描述。

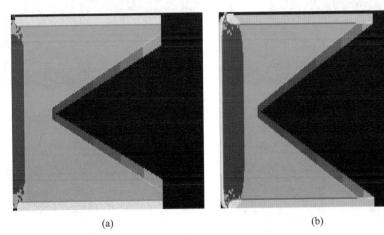

(a)　　　　　　　　　　(b)

图 2.88　装药结构图(带有铜药型罩和药型罩上方有炸药层(a)和药型罩
上方无炸药层(b)的药型罩底部不同封闭方案的钢外壳聚能射孔弹)。
药型罩内锥角为 42.90°(a)和 43.60°(b)

聚能射孔弹图 2.88(a)药型罩上方有能保障较高径向速度矢量分量 v_r 的炸药层,这个速度矢量径向分量对药型罩压垮角不能大于 180°。此外,速度矢量径向分量(v_r)稍大或者速度轴向分量(v_z)小,因而药型罩材料碎块就向前弯曲并坠落。

不带附加装置的聚能效果在很大程度上取决于聚能射孔弹的结构设计。带薄外壳和薄壁药型罩的聚能射孔弹形成大质量的聚能射流,可有效穿透靶板,在爆炸后不留下杵体或留下质量比带厚外壳射孔弹中杵体质量小的杵体。例如,在采用炸药环形起爆时非常好的结构设计中[30]。

在超聚能作用中,利用附加装置增大所压缩药型罩构件的轴向速度分量[1,32],以大的径向速度分量和在压缩药型罩时所产生的大压力,就能够使这个转换更快,而且在其他条件下,例如,增大包括由像铜这类高密度金属的药型罩厚度,就可通过这一点得到质量小的和直径不超过射流最大直径的杵体。从而缩短了传统聚能作用阶段,使超聚能作用成为决定性阶段。

表2.4　带有对药型罩底部不同封闭方案的两种
聚能射孔弹中聚能射流形成的比较

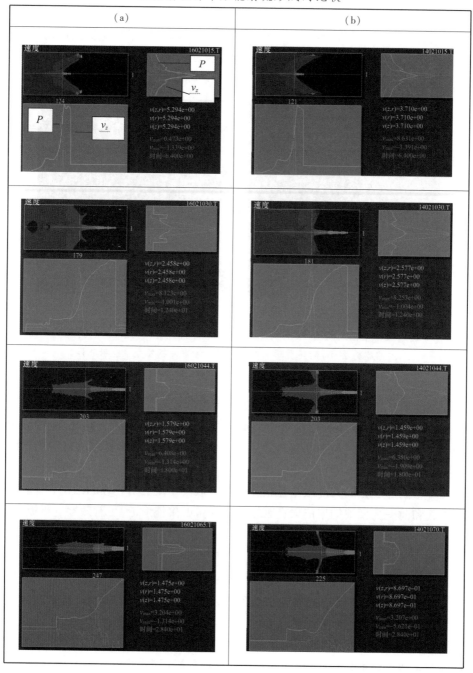

这可能既对于在油井射孔时得到大孔,也对于增大射孔深度都具有很大的实际意义。在射孔时,为了穿透砂石靶板,聚能射流允许的最小速度大约是400m/s 的,这类射孔弹的杆体可具有这样的速度。当然,这不是末端最小速度的绝对值,一切都将取决于设计师所制作的波形控制器的贡献。有效的波形控制器可形成几乎大一倍的最小速度。

用不带壳体的直径为 42mm,带有厚度为 2.5mm 以上(超过聚能射孔弹直径 6%)铜和铝药型罩的聚能射孔弹进行研究。对于铜药型罩用钽波形控制器,对于铝药形罩用铜波形控制器。药型罩的锥角为 67.6°。如图 2.89 所示为装药结构图。

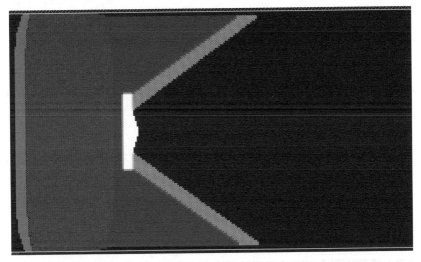

图 2.89　装药结构图(带有厚度为 2.5mm 的药型罩和波形控制器的聚能射孔弹)

这种聚能射孔弹中聚能射流的形成过程如图 2.90 ~ 图 2.93 所示。在图 2.90(a)上可看到,在高密度药型罩压垮时,除图上所标出的最大压力峰值外,在波形控制器边缘所形成的压力区占据着药型罩的整个厚度范围。最大压力是在压垮后的高密度波形控制器附近出现的。这个区域远离自由表面,稀疏波很长时间才到达。

由于附加装置的作用,压力在高密度波形控制器表面的自由面左移就会增加物质通过射流的能力,这就从实质上减小了对有效穿透障碍物所需的各向同性金属药型罩微晶粒值的要求。在传统聚能装药试验中,通常认为对各向同性药型罩,晶粒不应大于射流形成层的厚度。在这种直径的射孔弹条件下,晶粒尺寸小于 0.1mm。较大的粒子将会产生黏性问题,从而破坏流体动力学过程,减小射流对靶板的穿透效率。

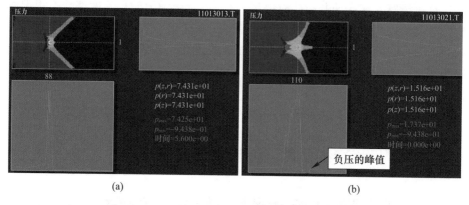

图 2.90   在 5.6μs 时(a)和 8.8μs 时(b)带有厚药型罩的射孔弹中的
聚能射流形成和压力曲线图

起爆 8.8μs 时(图 2.90(b)),在射孔弹中形成聚能射流和杵体。射流形成区域中的大压力值在径向方向和轴向方向都占据着较大范围。在图 2.90(b)曲线图上可看见的用箭头所标明的负压力波形式的稀疏波从药型罩材料表面上传播到聚能射孔弹的对称轴线上。

图 2.91(a)所示为速度 z 沿聚能对称轴和在标识点的径向截面中的分布。开始时射流的最大速度仅仅为 5.632km/s。在径向截面中,所形成的射流速度具有最大值,并变化到 3.624km/s。在开始过程中,聚能射流的最大速度在曲线图上可清晰看到的某一小段具有恒定值。波形控制器参与流的形成,利用传输爆炸时自身所得到的能量保持最小速度。

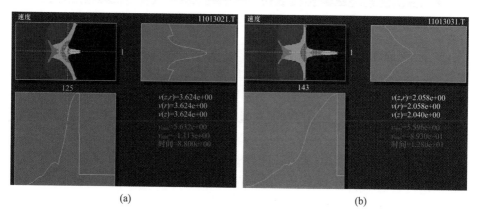

图 2.91   在 8.8μs(a)和 12.8μs(b)时带有厚壁药型罩的射孔弹中的
聚能射流形成和轴向速度曲线

在12.8μs时,压垮角达到180°,并进一步增加超过180°。到这个时刻,速度z具有图2.91(b)所示的形式。

所形成的聚能射流最大速度为5.596km/s。射流形成中心的运动速度在聚能对称轴上最大。中心以大速度向前推进,使药型罩压垮角超过180°。

药型罩大部分材料进入射流中。这个可从图2.92看到,在图上示出了等径向速度v_r线。观察到物质的变化——聚能射流中的材料质量增大,杆体中的材料质量减小。

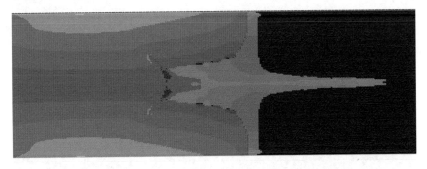

图2.92　压垮角超过180°的等径向速度线

从压垮角超过180°时开始,药型罩形成的杆体的厚度就持续明显变薄。在射流形成过程,25.6μs时刻这一点已经清晰可见,如图2.93(a)所示。药型罩的直径依然与开始时相同,但是它的厚度大大减小了。在z方向速度曲线图上,杆体不具有(像通常那样)从射流末端到杆体末端平缓减小的速度。取代这个的是在射流前出现了杆体速度减小——速度凹陷。它是由流入杆体中的材料、聚能射流中药型罩和使杆体末端加速的波形控制器增压所造成的。

到40μs时最终形成了超聚能流的过程,见图2.93(b),药型罩的直径减小。由图2.93(b)看出,药型罩的厚度减小,杆体的质量也减小,所有材料都转入射流中。在该过程结束时,杆体中的材料流停滞下来。这一点可从图2.94计算图中看出,在该图中列出材料流的等径向速度线。

在超聚能过程中,杆体的尺寸小于聚能射流的最大直径,杆体的质量比射流的质量小。只是射流的最大速度为5.5km/s,还不是足够大。应注意聚能射流最末端的z向最小速度约为700~800m/s,而杆体的速度为400~500m/s。在这种速度条件下,射流成形可能会受到材料强度的影响。

我们来研究在聚能射流形成时厚壁药型罩的质量是怎样分布的。采用相同的装药结构,但是此次计算场沿聚能射孔弹轴线为170mm,而不是70mm,以便看到射流拉伸过程和沿射流的速度梯度。但是,对此,我们只得放弃一些计算精度,采用2h/mm²取代3h/mm²。同时,利用较大计算微元逼近某些值,例如,速

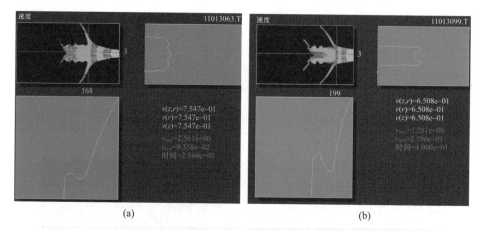

(a)   (b)

图 2.93　在 25.6μs 时(a)和 40μs 时(b)带有厚药型罩的
射孔弹中的聚能射流形成和轴向速度曲线图

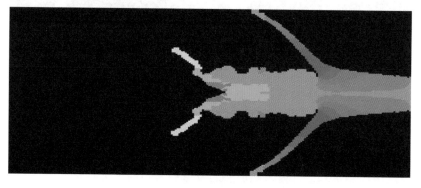

图 2.94　40μs 时材料流等径向速度线

度减低。计算试验结果如图 2.95(a)~(g)所示。如图 2.95(a)所示为装药结构图。如图 2.95(b)所示为 25.6μs 时的聚能射流形成。如图 2.95(c)~(d)所示为聚能对称轴上和标记点截面中的 z 方向速度曲线图。

在 76.4μs 时,所形成的聚能射流最大直径为 11mm 左右。在射流中心的密度降低区域前的聚能射流直径 7.5~8mm,而 z 方向速度为 1.141km.s。

由射流形成结果可以看到,在相当长的时间内,药型罩的直径依然是不变的,等于初始直径,但是,厚度减小了,如果 v_r 和 v_z 速度不够,这种药型罩的碎块已经不再参与形成杵体和射流。在最佳情况下,薄药型罩在最后阶段将自己所有质量都传输给射流。在厚的药型罩中可直观看到药型罩质量转化为射流和杵体的流体动力学过程。在这种情况下,药型罩的所有质量都转化为聚能射流。

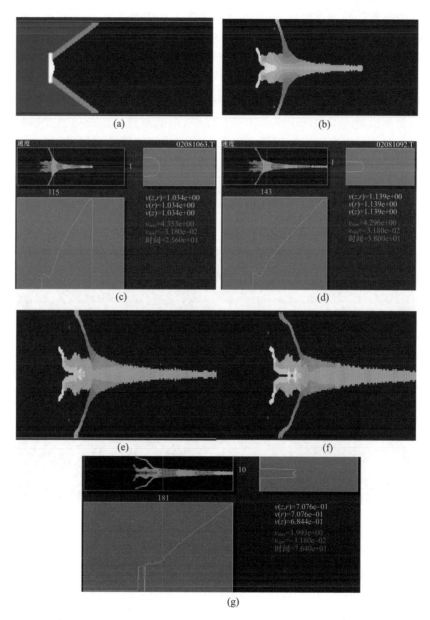

图 2.95　计算结果图。装药结构图(a)和 25.6μs 时刻的聚能射流形成(b),在 25.6μs(c)
和 38μs(d)时聚能射流的形成和轴线速度曲线图,在 25.6μs(e)和 38μs(f)时刻的
材料流等径向速度线,76.4μs 时的聚能射流形成和轴线速度曲线图,
标记点的截面中射流速度 Z 为 0.7km/s

对于这个厚度的药型罩而言,波形控制器可增大杆体的速度,减小炸高。将这个直径的射孔弹药型罩厚度增大到5mm(超过射孔弹直径的10%)。在其他参数不变情况下,聚能射流最终变成超聚能状态。采用相同的波形控制器和锥角固定的药型罩,随着药型罩厚度的增大,聚能射流的最大速度会由于材料质量增大和加速半径的减小而减小,杆体的速度也减小,但是,聚能射流的直径增大缓慢。

药型罩质量的增大就带来了在带有像钽、钨或其合金这类高密度材料药型罩的聚能射孔弹中存在这种问题。因此必须减小药型罩的厚度,以便结果有可比性。

数值计算中所用的聚能射孔弹尺寸与前面计算中相同。钽药型罩前期未进行研究,厚度确定为1mm。波形控制器用钨制作。聚能射孔弹对称轴结构如图2.96所示。

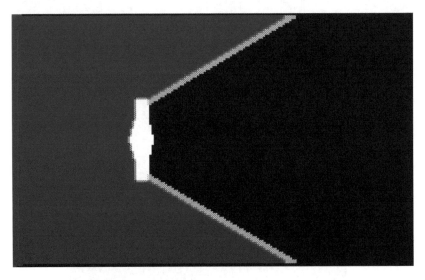

图2.96 带有钽药型罩的聚能射孔弹

图2.97 所示为10μs时的材料流等径向速度线(a)和15.6μs时的聚能射流形成及轴向速度和压力曲线图(b)。聚能射流的最大速度为5.2km/s,而杆体的最大速度为600m/s。波形控制器压迫杆体,形成图2.97(b)以离波形控制器最近的第一波阵面形式所示的压力。射流形成区域中的主要波阵面的最大压力为6.4GPa。

沿着聚能射流产生负压,这个负压是在射流形成时射流组成部离开高压力区域和膨胀后药型罩材料密度变化所造成的,射流形成中心(图2.97(b))以超过180°的压垮角压垮药型罩。

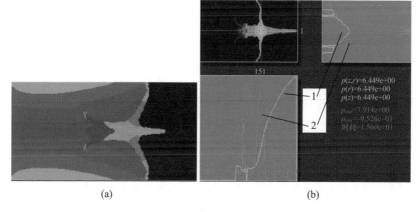

图 2.97　在 10μs 时的材料流等径向速度线(a)和 15.6μs 时刻的聚能射流形成
及轴向速度曲线图(1)和压力曲线图(2)(b)

在 15.6μs、24μs、32μs、37.2μs 和 55.6μs 时刻的聚能射流形成的连续阶段
如图 2.98 所示。

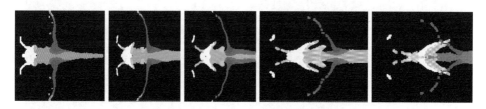

图 2.98　在 15.6μs、24μs、32μs、37.2μs 和 55.6μs 时刻用
钽制作的药型罩聚能射流的形成

由图 2.98 所示的结果可以看出,钽药型罩厚度为 1mm 的情况下,在聚能射
流形成时,药型罩被破坏。采用 X 射线试验可清晰看到锥角为 180°的盘式薄药
型罩碎块,这是传统聚能中特有的,在文献[26 - 28]中已描述。带有高密度药
型罩的聚能射流形成过程和前面研究过程类似。药型罩厚度随时间减小并保留
速度大约为 400 ~ 500m/s 的杵体。为了制作最佳的聚能射孔弹,通过改变波形
控制器可以增大药型罩厚度。

根据计算,可用密度大的材料制作油井射孔所用的最佳聚能射孔弹,从而增
大穿透深度。

在研究大密度材料制作的药型罩后,为了一致性,继续研究带有小密度材料
的聚能射孔弹。首先,我们来研究厚度为 2.5mm 的铝药型罩聚能射孔弹的工作
过程。

　　在这个聚能射孔弹中改变了药型罩和波形控制器的材料,对于铝来说,铜的密度是相当大的。如图2.99(a)所示为起爆7.2μs时的初期速度特性,图2.99(b)所示为药型罩材料通过对称轴线压垮角超过180°的情况。对于铝来说,所形成的聚能射流最大速度较小,在7.2μs时,最大速度才9.654km/s。对称轴线上,指示点所标明的截面射流形成过程的v_z最大速度为3km/s。

　　图2.99所示的结果表明,在这种情况下,与带有高密度金属的药型罩一样产生了高质量的动力学流体(形成了射流)以及射流与杆体的相互作用。杆体直径减小和聚能射流直径增大,药型罩厚度变薄,药型罩直径减小。

　　在图2.99(d)上出现了杆体颈部,杆体的速度接近1.5km/s。药型罩以180°压垮角被压缩,这是传统聚能过程特有的,药型罩的所有材料都转化为射流和杆体。

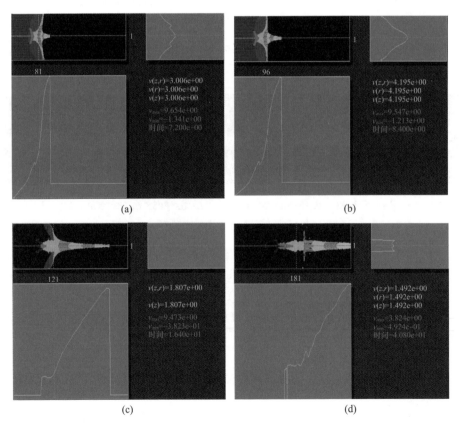

图2.99　7.2 μs(a)、8.4μs(b)、16.4 μs(c)、40.8(d)μs时刻的
聚能射流形成和轴向速度曲线图

在厚壁药型罩中,波形控制器结构、材料与药型罩的匹配非常重要。计算中采用密度较高的波型控制器。这种聚能射孔弹如图 2.100 所示。现在通过数值计算来验证射流在采用较高密度的波形控制器时成形过程的变化。

图 2.100　装药结构图,带有复杂化波形控制器和厚度为 3.5mm
铝药型罩的聚能射孔弹

半球形波形控制器是用钛制作,波型控制器 T 形部分是用铜制作的,药型罩的厚度等于 3.5mm。

如图 2.101 所示为起爆 6.4μs 时的聚能射流成形情况,以及在标记点截面的聚能射流轴向速度 v_z 曲线图。聚能射流头部的速度分布具有反向梯度。最大速度值为 12.76km/s,而不是通常的 14km/s,这说明波形控制器结构优化不好。

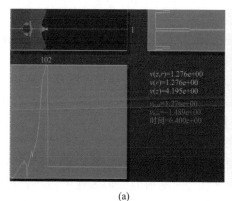
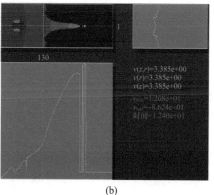

(a)　　　　　　　　　　　　(b)

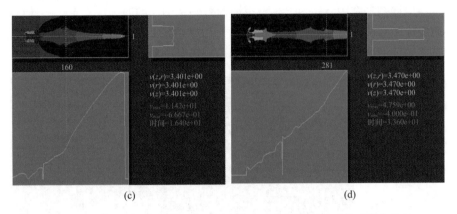

图2.101　在6.4 μs(a),12.4 μs(b),16.4 μs(c),33.6 μs(d)时刻由厚铝
药型罩形成的聚能射流和轴向速度曲线图

与几何形状相同的,但是带铜药型罩的射孔弹聚能射流形成不同,当聚能射流形成时药型罩随着时间变薄时,带有比以前计算中复杂波形控制器的铝射流整个截面被压缩。到12.4μs时,药型罩材料通过聚能对称轴,压垮角大于180°,这一点由射流上的矩形凸台所证明。聚能射流头部掉块,同样说明波形控制器质量不够好。

到起爆16.4μs时,聚能射流和杆体形成,实质上大部分药型罩的质量转为射流。在超出计算场范围掉块后的聚能射流头部最大速度为11.41km/s。沿聚能射流轴线的速度梯度接近于线性。沿杆体同样存在着速度梯度。标记点处射流末端速度为3.4km/s,同时刻杆体的最小速度等于1.750km/s。

到起爆33.6μs时,聚能射流大部分都超出了计算场范围。可观察到聚能射流和杆体拉长得很厉害。这个时刻的聚能射流最大直径为11mm左右,这为聚能射孔弹直径的26%。杆体的最小速度等于1.250km/s。这个厚药型罩的大部分质量都注入聚能射流中。因此,在这种情况下,药型罩的所有材料都用于形成直径不大于射流直径的聚能体。

对结构参数相同的聚能射孔弹进行计算,只是变化药型罩和波形控制器的材料。针对42mm的射孔弹,药型罩将用厚度为3.5mm的铜制作,波形控制器的球形部分用铅制作,而波形控制器的平面部分用钽制作。

在这个聚能射孔弹中,药型罩变薄,直径依然与过程开始时相同,等于计算场的宽度,见图2.101。只有到90μs时,药型罩在形成聚能射流过程中失去轴向和径向速度后才开始沿半径减小。须指出,聚能射流的最大速度很小,仅为4km/s,因此,对于直径42mm,带有厚度3.5mm的铜药型罩的这个射孔弹来说,波形控制器效率也同样是很小的。

对于带有厚壁高密度药型罩的聚能射孔弹来说,就存在波形控制器和选择炸药附加能量的问题。如图 2.102 所示为聚能射流在惯性拉伸阶段和这个过程接近结束的 43.6μs 时及药型罩失去速度并压缩在聚能射流上的 90μs 时所形成的聚能射流图像。

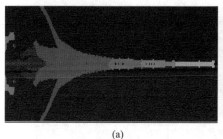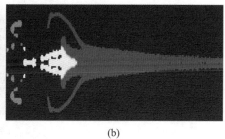

|(a)|(b)|

图 2.102　在 43.6μs 时(a)和 90μs 时(b)的厚壁铜药型罩聚能射流的形成

正如我们已经提到的那样,聚能爆炸中的物质流动图像取决于大量的参数。但是,在大量的参数中有对于实际应用很重要的和可实现的参数。这就是炸药类型和炸药爆轰方式。关于炸药方面,当消除关于每一种物质固有最大速度的限制问题时,炸药的能量越大,聚能射孔弹的穿透性能就越高,穿透的孔直径就越大。

如果提供大威力炸药,就可以得到大长度的聚能射流。但是,目前在射孔弹中还没有这种炸药,而且提高能量会破坏油井管。因此,改变爆轰方式的意义就很大。目前,除了药柱点式爆轰和厚壁高密度药型罩用的平面爆轰波外,很少使用环形爆轰,在爆炸时环形爆轰会在对称轴线上距接近起爆剂的药柱端面不大的距离上形成高的气体动力学参数,这对于在聚能射孔弹中得到超聚能过程来说是非常重要的。

我们举出这种射孔弹的例子,如图 2.103 所示。这个射孔弹参数与前一种带有厚度为 3.5mm 铜药型罩射孔弹的相同,但是波形控制器发生了变化。选用环形爆轰作用于聚能射流和用对称轴线附近的球形部分加厚来防护波形控制器平面部分受对称轴线上的高压力作用。

炸药环形爆轰是通过以 12km/s 速度飞行的石蜡环形装置撞击实现的。如图 2.104(a)所示为炸药的爆轰过程,冲击波通过药型罩和波形控制器半球形部分开始工作。如图 2.104(b)所示为爆轰开始后 7.4μs 时的爆炸材料流动、轴向速度曲线图和压力曲线图。

药型罩在波形控制器表面附近压垮时,就产生了 40GPa 的高压。在聚能射孔弹的横截面中可以看到,高压区在对称轴上占据足够大的区域。所形成的射

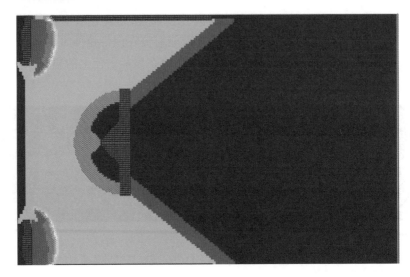

图 2.103 装药结构图。环形爆轰的聚能射孔弹

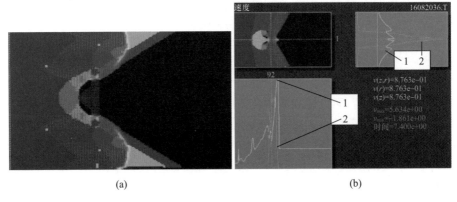

(a)   (b)

图 2.104 起爆 7.4μs 时刻波形控制器开始工作(a),爆炸材料流动、
轴向速度曲线图(1)和压力曲线图(2)(b)

流最大速度为 5.634km/s。这比通过用平面爆轰波引爆药柱时带同样药型罩的聚能射流速度大。使用炸药药柱环形爆轰就是改进聚能射孔弹结构的方法。①选择聚能射孔弹轴线上波形控制器距爆轰波碰撞点的距离并通过高压使波形控制器较有效工作。②寻找能有效使用爆炸冲量来解决所提出问题的药柱和波形控制器的组合式结构。

如图 2.105 所示为 16μs(a) 和 24(b)μs(b) 时的聚能射流形成阶段和轴向速度曲线图。药型罩材料在聚能对称轴上压垮角不超过 180°。杵体直径大约为 12mm。

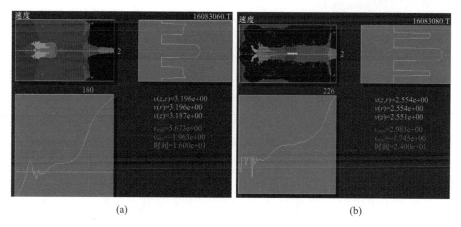

图 2.105　起爆 16μs(a)和 24μs(b)时刻的爆炸材料流和轴向速度曲线图

我们来仔细观察在放大的计算场(最小分辨率)中这个聚能射孔弹的聚能射流是怎样形成的。如图 2.106(a)所示为 14.4μs 时的爆炸材料流场、24μs 时刻(b)的轴向速度曲线图、压力曲线图和聚能射流。

虽然在炸药能量作用的过程令人觉得像传统射流,在惯性流阶段,杆体和射流的组合体仍然与原先一样,直径接近聚能射流直径的短杆体。实际上厚壁药型罩的所有材料都用于形成聚能射流。这时的杆体和射流的直径为 11.5 ~ 12mm,为聚能射孔弹直径的 28% 以上。

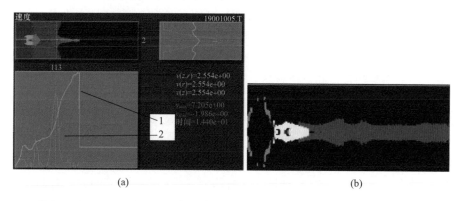

图 2.106　14.4μs 时刻的爆炸材料流场(a)、24μs 时刻的轴向速度曲线图(1)、
压力曲线图(2)和所形成的聚能射流(b)

2.6　比例效应

本章主要研究了直径为 40mm 的聚能射孔弹工作情况。同时,应注意大直

径聚能射孔弹和与此相关聚能射孔弹的工作过程和聚能射流的形成过程。对图 2.96 所示的将其所有构件放大到 2 倍和 3 倍的不带外壳聚能射孔弹功能进行检验,在这个领域很有意义。对聚能爆炸过程本身只是进行了定性研究。所形成的聚能射流最大速度随着聚能射孔弹的直径增大而增大。出现了增大波形控制器作用效率的可能性。例如,在将聚能射孔弹直径增大到 126mm 时,带有厚壁药型罩,过程开始时的 v_z 最大速度达到 8km/s。超聚能流的过程较稳定和容易。在增大聚能射孔弹直径条件下增大 v_z 和 v_r 速度的可能性基本改变了对厚壁药型罩的研究结果。这就提供了在较短时间内较快速拉伸聚能射流的可能性。

在本章中表明,在超聚能领域不仅存在有形成大质量聚能射流的聚能射孔弹,而且还存在由薄药型罩形成的和特性接近用传统聚能所得到聚能射流的聚能射孔弹。采用复合波形控制器附加装置与所匹配的药型罩结合就有可能得到新的聚能射孔弹。

在这类聚能射孔弹中不仅采用传统材料,而且还可以采用声速小的高密度材料(例如铅),来得到速度大的聚能射流。

利用加入附加药型罩,其中包括由爆炸时可破坏的粉末材料制作的附加药型罩就可消除被压缩的主药型罩的不稳定性。

采用没有杆体的薄壁药型罩就需要很小能量来形成聚能射流,意味着需要量很少的炸药。这对于爆炸时应保留外壳的射孔弹来说是很重要的。

在提高作用效率的条件下,带薄壁药型罩的聚能射孔弹可大大节约内衬材料。

实现在高压力区域,改向的聚能效应就会降低对聚能材料及其结构的要求,其中允许采用某些合金和复合材料。

而最主要的是可突破聚能射流最大速度的气体动力学极限(药型罩材料特有的),并形成速度不受聚能射孔弹内衬物质性能影响的聚能射流。因此,关于增大聚能射孔弹爆轰速度是必须的。在超聚能中没有聚能射流最大速度的限制。增大速度可以增加射孔的直径和穿透深度。

在带有厚壁药型罩的聚能射孔弹中,药型罩材料进入射流的方式有两种:从药型罩内表面逐层流下,药型罩壁变薄;由药型罩整个截面形成射流杆体复合体。流动方式取决于过程开始时药型罩所获得的速度矢量的径向分量 v_r。

我们设计了一个组合式药型罩,它由铜组成,但是赋予药型罩外部薄层另一种颜色。表 2.5 所示为带厚壁药型罩的聚能射孔弹中聚能射流形成的连续阶段和等径向速度 v_r 水平线。

我们研究了在药型罩压垮角超过 180° 条件下,从 14.20μs 时开始的药型罩材料流入射流和杆体,并观察清晰可见的药形罩变薄。表中示出了带有等 v_r 线的图像。

　　绿色表示铜药型罩的外层,它聚集在聚能形成的杆体部分,其性状可想象成固体底部,药形罩的物质沿着它滑入射流中。等 v_r 线,还有射流形成图都间接地证实了这一猜想。当然,我们只是涉及这种聚能射孔弹的物理特征,许多问题等待着详细的、有效的研究。

表 2.5　厚壁药型罩材料逐层流入聚能射流和杆体

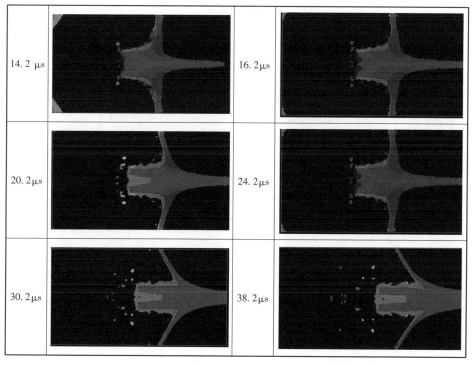

参 考 文 献

1. Патент 2412338 Российская Федерация, МПК E43/117, F42B1/02. Способ и устройство (варианты) формирования высокоскоростных кумулятивных струй для перфорации скважин с глубокими незапестованными каналами и с большим диаметром [Текст]/Минин В. Ф. , Минин И. В. , Минин О. В. ; заявл. 07. 12. 2009; опубл. 20. 02. 2011, Вюл. №5. – 46с.

2. Birkhoff G. Explosives with lined cavities[Текст]/Birkhoff G. , Mc Dougall D. , Pugh E. , Tailor G. //Journ. of Appl. Phys. – 1948. – Vol. 19, – p. 563 – 582.

3. Лаврентьев М. А. Кумулятивный заряд и принцип его работы [Текст]/М. А. Лаврентьев //Успехи математических наук – 1957 – т. XII – вып. 4. – с. 41 – 56.

4. Титов В. М. Возможные режимы гидродинамической кумуляции при схлопывании облицовки [Текст]/ В. М. Титов //Доклады Академии наук СССР. – 1979. – т. 247. – т. 247. – № 5. – с. 1082 – 1084.

5. Минин В. Ф. Физика гиперкумуляции и комбинированных кумулятивных зарядов [Текст]/ В. Ф. Минин, И. В. Минин, О. В. Минин //Нефтегазовые технологии – 2011. – N 12 – с. 37 – 44.

6. Минин В. Ф. Физика гиперкумуляции и комбинированных кумулятивных зарядов [Текст]/ В. Ф. Минин, И. В. Минин, О. В. Минин //Нефтегазовые технологии – 2012 – N 1 – с. 13 – 25.

7. Computational fluid dynamics. Technologies and applications [Текст]/Ed. By Igor V. Minin and Oleg V. Minin. Croatia: INTECH – 2011. – 396 p. V. F. Minin, I. V. Minin, O. V. Minin Calculation experiment technology, pp. 3 – 28.

8. Minin V. F. Physics Hypercumulation and Combined Shaped Charges [Текст]/V. F. Minin, O. V. Minin, I. V. Minin //11th Int. Conf. on actual problems of electronic instrument engineering (APEIE) – 30057 Proc. 2rd – 4th October – 2012 – v. 1, NSTU, Novosibirsk – 2012 – p. 32 – 54. IEEE Catalog Number: CFP12471 – PRT ISBN:978 – 1 – 4673 – 2839 – 5

9. Minin V. F. Analytical and computation experiments on forced plasma jet formation [Текст]/V. F. Minin, O. V. Minin, I. V. Minin //Proc. of the Int. Symp. On Intense Dynamic Loading and its effect. – Chengdu, China, Jule 9 – 12,1992. – p. 588 – 591.

10. Minin V. F. Principle of the forced jet formation [Текст]/V. F. Minin, O. V. Minin, I. V. Minin // Int. Workshop "Air Defense Lethality Enhancements and high Velocity Terminal Ballistics, Freiburg, Germany,29 Sept. – 1 Oct. 1998. – p. 299 – 305.

11. Минин И. В. Некоторые новые принципы формирования кумулятивных струй [Текст]/ И. В. Минин, О. В. Минин – Сборник научных трудов Новосибирского военного института,

Новосибирск, НВИ, 1999. – вып. 7. – с. 19 – 26.

12. Минин И. В. Физические аспекты кумулятивных и осколочных боевых частей [Текст]/И. В. Минин, О. В. Минин. – Новосибирск: НГТУ, 2002. – 84с.

13. Minin O. V. Diffractional optics of millimeter waves [Текст]/O. V. Minin, I. V. Minin. – Institute of Physics Publishing, 2004. – 296 p.

14. А. С. (СССР) № 1508938, Устройство для формирования плазменного плазменного факела [Текст]/ В. Ф. Минин, И. В. Минин, О. В. Минин и др. , приор. 15. 04. 87.

15. MS Patent Application 20010052303. Maseless Meir et al.

16. Забабахин Е. И. Явление неограниченной кумуляции [Текст]/Е. И. Забабахин, И. Е. Забабахин. – М. : Наука, 1988. – 173с.

17. Забабахин Е. И. Ударные волны в слоистых средах [Текст]/Е. И. Забабахин //ЖЭТФ. – 1965. – т. 49. – с. 642 – 647.

18. Козырев А. С. Кумуляция ударных волн в слоистых средах [Текст]/А. С. Козырев, В. Е. Костылев, В. Т. Рязанов В. Т. //ЖЭТФ. – 1969. – Т. 56. – вып. 2. – с. 427 – 429.

19. Альтшулер Л. В. Взрывные лабораторные устройства для исследования сжатия веществ в ударных волнах [Текст]/Л. В. Альтшулер и др. //УФН. – 1996. – т. 166. – N 5. – с. 575 – 581.

20. Фридлярдер Л. Я. Прострелочно – взрывная аппаратура и ее применение в скважинах [Текст]/ Л. Я. Фридлярдер. – М. : Недра, 1985. – 190с.

21. Зоненко С. И. Новый вид кумуляции энергии и импульса метаемых взрывом пластин и оболочек [Текст]/С. И. Зоненко С. И. , Г. Г. Черный //Докл. РАН. – 2003. – т. 390. – №1. – с. 46 – 50.

22. Патент № 2303232 Российская Федерация, Кумулятивный заряд [Текст]/Титоров М. Ю. , 2007.

23. Голубятников А. Н. Новые модели и задачи теории кумуляции [Текст]/А. Н. Голубятников, С. И. Зоненко, Г. Г. Черный //Успехи механики, 2005. – № 1. – с. 31 – 93.

24. Краус Е. И. Учет электронных составляющих в уравнении состояния при расчете ударных волн в смеси металлов [Текст]/Е. И. Краус, В. М. Фомин, И. И. Шавалин. //Математическое моделирование систем и процессов, 2001. – № 9. – с. 78 – 83.

25. Воуден. Возбуждение и развитие взрыва в твердых и жидких веществах [Текст]/Воуден, Иоффе – М. : Иностранная литература, 1955 – 119с.

26. Held M. The performance of the different types of conventional high explosive charges [Текст]/M. Held //2nd Int. Symp. On Ballistics, Daytona, 10. 3. 1976.

27. W. P. Walters. Fundamentals of shaped charges [Текст]/W. P. Walters, J. A. Zukas. – N. Y. , John Wiley & Sons, 1988 – p. 389.

28. Физика взрыва [Текст]/под редакцией Л. П. Орленко – М. : Физматлит, 2004. – т. 2. – 656с.

29. Meir Mayseless. The appendix: a new section of a shaped – charge jet [Текст]/Meir Mayseless. 24th Int. Congress on high – speed photography and photonics, Proceedings of SPIE, 2001. – Vol. 4183. – p. 739 – 747.

30. Отечественные гранатомёты. История и современность №3. Режим доступа： https://www. youtube. com/watch？ v = y0P9huFwx18

31. Положительное решение о выдаче Патента РФ на изобретение по заявке № 2012107107/11 Материал облицовки кумулятивного заряда на основе металла［Текст］/Минин В. Ф. , Минин И. В. , Минин О. В.

32. Минин В. Ф. Физика гиперкумуляции и комбинированных кумулятивных зарядов［Текст］/В. Ф. Минин, И. В. Минин,О. В. Минин //Газовая и волновая динамика −2013. − Выпуск 5,с. 281 −316.

第3章　并串联式装置

3.1　带有辅助药型罩——波形控制器的聚能射孔弹

在第 2 章研究了采用空心截锥和其他截头部的旋转体形式药型罩的超聚能射孔弹。在这种情况下,对药型罩压垮角超过 $180°$ 的压垮过程中起主要作用的是附加波形控制器。

我们来研究对药型罩施加作用的另一个方法[1-5],以便保障在压垮过程中改变药型罩对称轴压垮的运动轨迹。前面只是对药型罩的端面部分作用,主要是改变轴向速度矢量分量 v_z,不仅可以较大地变化药型罩压垮角,而且同时改变速度径向分量 v_r 并控制对药型罩的压垮时间。

在药型罩中增加一个辅助药型罩,辅助药型罩内表面与药型罩外表面平行并且同轴,与主药型罩分开一定距离。通过选择这个间距的参数,就可调节聚能爆炸时这两个药型罩的碰撞时间和速度[1-5]。

将形成射流的药型罩称为主药型罩,而将与炸药连接并压缩主药型罩的药型罩称为辅助药型罩波形控制器。辅助药型罩数量可以有一个、两个,甚至三个以上[1-5]。

辅助药型罩与药型罩之间的加速区间可以将炸药爆轰产物的能量变为冲量并传递给主药型罩。可利用加入新的因素,如调节传输到主药型罩上的冲量幅值和作用时间并改变其他参数实现超聚能形式。

将冲量从辅助药型罩传输给主药型罩比将冲量从炸药爆轰产物传输给主药型罩需要更长时间。依靠沿辅助药型罩表面所分布的质量来调节载荷量和加载时间就可实现这一点。

对辅助药型罩波形控制器材料最重要的是辅助药型罩材料的密度、与药型罩成形和使用相关的工艺,以及如何在爆轰过程中充分利用炸药能量[1-5]。当然,辅助药型罩物质的气体动力学特性也是重要影响因素,例如声速。

辅助药型罩波形控制器可采用多种材料制作[1-5],例如,金属、合金、陶瓷、混合物、塑料等。辅助药型罩的材料可同时用来解决实践中其他问题。例如,在油井射孔后,有时用特种物质对所穿的洞穴进行表面处理,这些物质通过与覆盖洞穴表面的聚能射流材料残留物相互作用,将其溶解,从而提高油井产量。这类特种物质可为辅助药型罩材料溶剂,这种溶剂注入射孔后将跟随聚能射流并在射孔的产物和水中被溶解。此外,辅助药型罩材料可参与增大含油或含气岩层中射孔的深度和容积。

在大多数情况下,辅助药型罩材料的重要性能应是在爆炸力作用后材料消散。在这个方面最有前景的是复合材料,在这类复合材料组成中可包括含有氧化剂和燃料类物质,这些物质在绝热压缩时可转化为使辅助物质能被破坏的气体。例如,金属粉末和二硝基纤维素(赛璐珞)混合物制品,赛璐珞在混合物中可为胶黏剂,或者用赛璐珞浸渍所成形的零件。或者用炸药溶液,例如,炸药在丙酮溶液浸渍[1-5]。

将带有两个以上用气体隔开药型罩的聚能射孔弹称为并串联式装置。在聚能射孔弹中加入辅助药型罩,可能会使采用很高密度的金属的油井射孔弹形成超聚能射流。

研究采用钢作为辅助药型罩材料,钽作为主药型罩材料的石油射孔弹聚能射流的数值计算结果。装药结构图如图 3.1 所示。

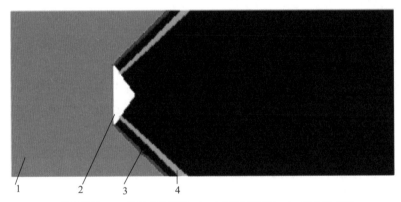

1—炸药药柱；2—钨波形控制器；3—钢辅助药型罩；4—钽主药型罩。

图 3.1　装药结构图

不带外壳的聚能射孔弹直径为 60mm,长度为 77mm。主药型罩使用的是锥角为 80.4°的截锥形药型罩,辅助药型罩使用锥角为 80.4°的锥形药型罩。辅助药型罩与主药型罩之间的间隙值为 3mm。主药型罩和辅助药型罩的总波形控制器使用的是底部直径为 22mm 和沿射孔弹的厚度为 9mm 的钨材料锥形波形控制器。炸药采用密度为 $1.8g/cm^3$ 的黑索今,起爆方式为端面冲击平面波起爆。

起爆 6.2μs 时,钢辅助药型罩从炸药药柱爆轰产物得到了 2.496km/s 的轴向速度分量,并将自己的冲量传输给钽主药型罩,见图 3.2。这时,炸药爆轰产物还未完全将自己的冲量传输给辅助药型罩,在所列出的轴向速度分布曲线图上的爆轰产物速度证实了这一点。爆轰产物的速度比辅助药型罩材料的速度高。在辅助药型罩材料与主药型罩材料相互作用条件下,主药型罩的材料就开始了自己的运动。

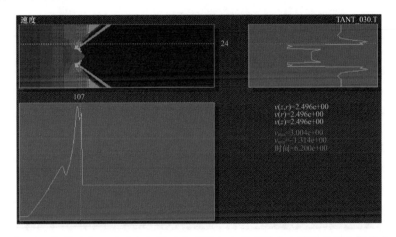

图 3.2　起爆 6.2μs 时的包括辅助药型罩和主药型罩在内的聚能爆炸材料流
和等轴向速度曲线图(v_z)

起爆 8.2μs 时,钽主药型罩的材料获得了 1.8km/s 左右的轴向速度分量,如图 3.3 所示。起爆 7μs,药柱的爆轰就结束了,而辅助药型罩还未完全将冲量传输给主药型罩。

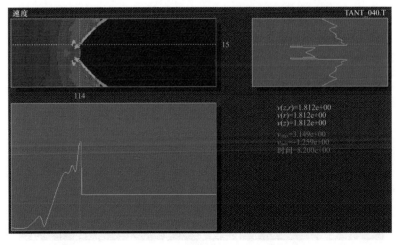

图 3.3　在射孔弹引爆后 8.2μs 时刻包括辅助药型罩和主药型罩在内的聚能爆炸材料流
和等轴向速度曲线图(v_z)

起爆 13.2μs 时,由钽制作的药型罩开始形成聚能射流,见图 3.4。钽聚能射流的初始速度为 7.588km/s。辅助药型罩材料以 1.5~2km/s 的轴向速度紧紧覆盖着被压缩的主药型罩表面。

在主聚能射流形成过程中形成速度为 1.4km/s 的反向聚能射流。

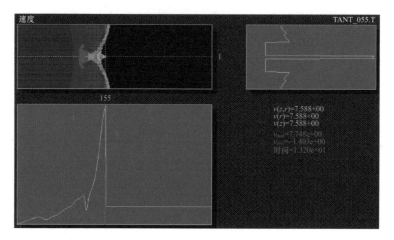

图 3.4　起爆 13.2μs 时的包括辅助药型罩和主药型罩在内的聚能爆炸材料流和等轴向速度曲线图(v_z)

起爆 27.2μs 时,聚能射流持续形成,依靠沿聚能射流的速度梯度射流变得更长。在聚能射流的头部出现了材料分离,射流的头部速度减小到 6.28km/s。钽杆体的直径小于所形成的聚能射流直径。辅助药型罩的材料紧紧贴在杆体的表面并沿着聚能射流的杆体部分分布,见图 3.5。

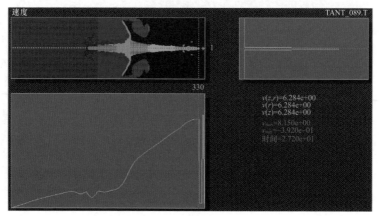

图 3.5　起爆 27.2μs 时包括辅助药型罩和主药型罩在内的聚能爆炸材料流和等轴向速度曲线图(v_z)

起爆 48.8μs 时,聚能射流形成过程结束,辅助药型罩材料聚集在钽杆体周围,未超过杆体的直径,见图 3.6。钨波形控制器被杆体的材料所破坏,外径不超过所形成的聚能射流最大直径。

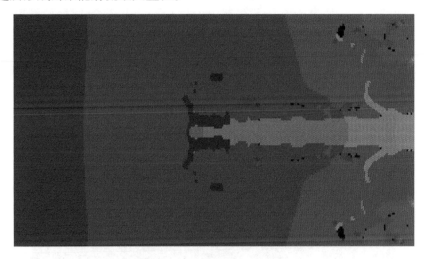

图 3.6　起爆 48.8μs 时的聚能爆炸材料流(等轴向速度线分布图)

通过所研究问题的这个例子,涉及并行配置的两个药型罩,辅助药型罩和主药型罩。击穿作用归属于主药型罩,而波形控制器药型罩作用由控制过程能量和时间的辅助药型罩完成[1-5]。

在并串联装置中需要专门研究的问题:

(1)选择辅助药型罩材料。在某些情况下,辅助药型罩包含在击穿系统中,可参与侵彻过程,那么,它的作用就是正作用。在一些参数条件下,它被焊接在主药型罩上并妨碍聚能射流形成。因此,用在药型罩爆炸负载条件下散落的材料制作辅助药型罩。在采用高密度材料制作的主药型罩时,可能会产生普通射孔弹时的不稳定性。在并串联装置中,在选择好的辅助药型罩材料条件下,不稳定性就会消失。由这种药型罩形成的较细聚能射流在速度梯度作用下拉伸得很好并从实质上增大射流的长度。

(2)可以用爆炸焊接的方法消除主药型罩和辅助药型罩的焊接,用惰性物质夹层防护表面,如涂赛璐珞基漆等。

(3)辅助药型罩可以不作用于整个主药型罩,仅仅作用于主药型罩的一部分,例如,作用于主药型罩的中心部位,并改变聚能射流的形成特性。

(4)参与穿透障碍物的不仅是主药型罩,而且还有辅助药型罩以及波形控制器。因此,击穿装置的总质量可实质上大于药型罩的质量。

研究带有用铝制作的波形控制器辅助药型罩和形成聚能射流的铜主药型罩的并串联装置。根据图 3.7 就可看清楚装药结构图。聚能射孔弹直径为 60mm,而长度为 47mm。采用起爆管起爆,形成平面爆轰波波阵面。炸药采用密度为 1.75g/cm^3 的黑索今。主药型罩的锥角为 96°,沿对称轴的壁厚度为 1mm,药型罩底端壁厚度为 1.34mm 的锥形药型罩。辅助药型罩具有半径为 30mm,沿对称轴壁厚度为 1mm,底端壁厚为 2mm 的球形结构。波形控制器辅助药型罩和主药型罩沿对称轴的间距为 4mm。

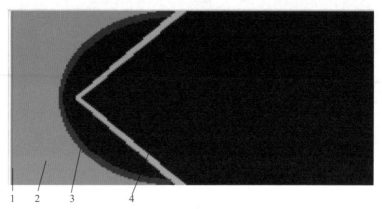

1—起爆管; 2—炸药药柱; 3—波形控制器-辅助药型罩; 4—主药型罩。

图 3.7 装药结构图

起爆 4.2μs 时,辅助药型罩撞击主药型罩外表面,并将冲量传输给主药型罩。主药型罩如图 3.8 所示的那样开始受压缩。在对称轴上中心区域对药型罩材料的压缩要比远离对称轴的区域缓慢。因为主药型罩没有保障所需加速距离,那么所形成的聚能射流就不能达到最大可能的轴向运动速度。

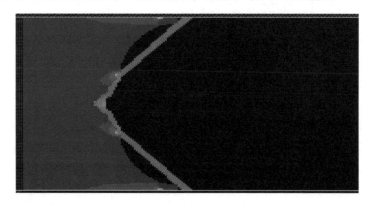

图 3.8 在起爆后 4.2μs 时刻的聚能爆炸材料流(等压力线分布图)

在并串联装置中,与带一个药型罩的聚能射孔弹中相同,波形控制器 – 辅助药型罩后的在射孔弹的对称轴线上形成高压力区域。在图 3.9 上,这个区域压力范围为 6 ~ 11GPa。辅助药型罩开始将自己的冲量传输给主药型罩整个表面,在对称轴上形成了铜聚能射流。

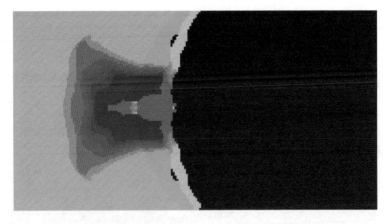

图 3.9　起爆 8.2μs 时的聚能爆炸材料流(6 ~ 11GPa 范围的等压力线分布图)

起爆 11.6μs 时,就形成最大速度为 7.840km/s 的铜聚能射流,见图 3.10。聚能射流头部形状取决于在对称轴上碰撞时得到了 v_z 最小速度值的主药型罩锥形形状。因此,聚能射流头部的材料向四处飞散,径向速度(v_r)沿聚能射流表面分布图上可清晰看到。聚能射流头部的材料飞散速度为 187m/s。辅助药型罩材料位于主药型罩之后,它的能量在很大程度上集中在聚能对称轴附近。

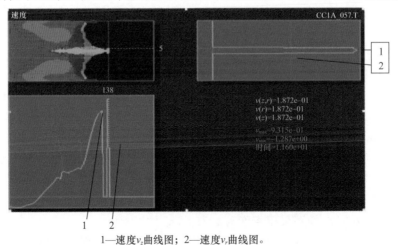

1—速度v_z曲线图;2—速度v_r曲线图。

图 3.10　起爆 11.6μs 时的聚能爆炸材料流、速度(v_z)曲线图和速度(v_r)曲线图

起爆 16.2μs 时,超聚能方式的聚能射流形成接近结束。所形成的聚能射流直径比杆体直径大,见图 3.11。相当大部分能量集中在波形控制器辅助药型罩材料中,这部分能量持续传输给主药型罩和聚能射流。在所形成的聚能射流中,能量集中在射流对称轴线和射流头部。

在并串联装置的聚能射孔弹中,可以不仅使用一个波形控制器 – 辅助药型罩,而且还可以使用几个辅助药型罩或者部件[1-5],采用无限的聚能原则,或采用其他原则和方法[6-10]。

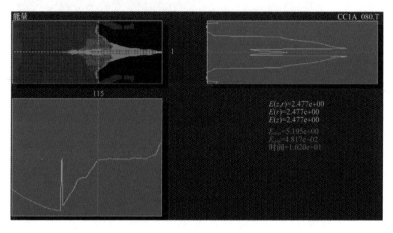

图 3.11　起爆 16.2μs 时的聚能爆炸材料流和能量曲线图

作为并串联装置的聚能射孔弹复杂结构的例子,我们来研究带有两个辅助药型罩(波形控制器)的射孔弹,见图 3.12。射孔弹直径为 60mm,长度为 98mm,由形成平面波阵面爆轰波起爆管、带有凹口的炸药药柱、两个波形控制器(辅助药型罩)和钢质主药型罩构成。与炸药药柱连接的第一个辅助药型罩是用密度为 1.04g/cm³、沿药柱对称轴对称、厚度为 3mm 的聚苯乙烯制作的。第一个辅助药型罩的表面形状可用半径为 50mm 的球形结构逼近,药型罩总长度为 30mm。第二个辅助药型罩是用射孔弹对称轴线上壁厚度为 2mm 的铝制作。第二个辅助药型罩的表面形状可用半径为 60mm 的球形结构逼近,药型罩总长度为 30mm。第一个和第二个辅助药型罩之间的加速间隙沿对称轴长度为 3mm。辅助药型罩的表面形状根据其在射孔弹中安置方便性选择。主药型罩在对称轴上的壁厚度为 1mm。主药型罩的表面形状用半径为 70mm 的球形部分逼近,药型罩总长度为 30mm。第二个辅助药型罩与主药型罩之间的加速间隙沿对称轴等于 6mm。炸药采用密度为 1.75g/cm³ 的黑索今。

起爆 4μs 时,平面波阵面的爆轰波抵近第一个辅助药型罩并开始压缩它,见图 3.12。

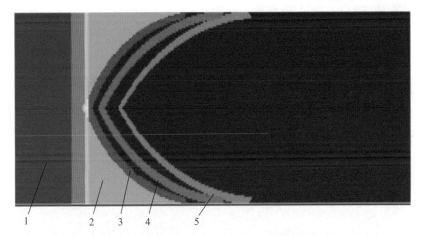

1—炸药爆轰产物；2—炸药药柱；3—第一个聚苯乙烯波形控制器-辅助药型罩；
4—第二个铝波形控制器-辅助药型罩；5—钢的主药型罩。

图 3.12　装药结构图(所示云图为等轴向速度 v_z 线)

起爆 6.8μs 时，发生了辅助药型罩和主药型罩沿对称轴的连续碰撞，见图 3.13。第一个辅助药型罩将从爆轰产物所获得的冲量传输给第二个辅助药型罩，而第二个辅助药型罩将自己的冲量传输给主药型罩。钢的主药型罩材料的初始速度达到了 5km/s。图 3.13 中的轴向速度分布的峰值与聚苯乙烯外表面轴向速度相一致。

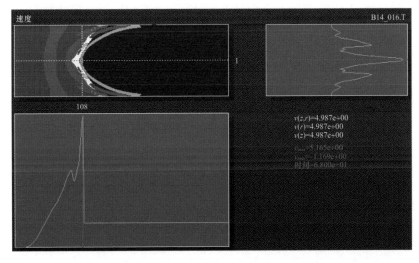

图 3.13　起爆 6.8μs 时的聚能爆炸材料流和等轴向速度(v_z)曲线图

起爆10.4μs时,钢主药型罩形成聚能射流。聚能射流的最大速度增大到7.448km/s。射流速度沿其对称轴线最大。辅助药型罩持续将自己的冲量传输给主药型罩并形成聚能流,见图3.14。

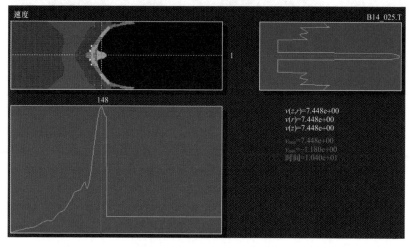

图3.14 起爆10.4μs时的聚能爆炸材料流和等轴向速度(v_z)曲线图

起爆18μs时,主药型罩头部微元形成的射流速度仍在增加。聚能射流微元的最大速度达到7.826km/s。射流头部中反向速度梯度依然存在。射流初始段的最小速度为7.472km/s,见图3.15。

在超聚能方式中,实际上主药型罩的所有材料都用于形成聚能射流,不进入杵体中。聚能射流的密度等于主药型罩材料的密度。

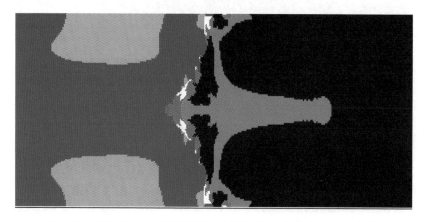

图3.15 起爆18μs时的聚能爆炸材料流(等径向速度v_r线分布图)

在辅助药型罩所传输的能量作用下,钢聚能射流持续形成,辅助药型罩释放能量比炸药爆轰产物缓慢。波形控制器 – 辅助药型罩的能量传输相当复杂。

如图 3.16 所示为起爆 $22\mu s$ 时相聚能装药状态。实际上形成了钢聚能射流。聚能射流的最大速度实际上没有变化,为 $7.74km/s$。聚能射流头部中的反向速度梯度减小了,速度差为 $200m/s$ 左右。所形成的射流最小速度为 $2km/s$ 左右。在沿聚能射流的速度梯度作用下,射流头部中变粗,射流明显被拉伸。

聚能射流拉伸不仅因为沿射流的速度梯度,还因为射流头部质量增大而发生。这是粗大超聚能射流拉伸的附加途径之一。沿射流中心和沿坐标网格所标明的截面的能量分布如图 3.16 的相应曲线图所示。这些曲线说明,还有相当大的能量被消耗在波形控制器 – 辅助药型罩的材料内。

聚能射流头部中的射流材料密度在射流对称轴线上最小,外缘增大。沿聚能射流对称轴线,材料密度沿所形成的射流头部方向增大。

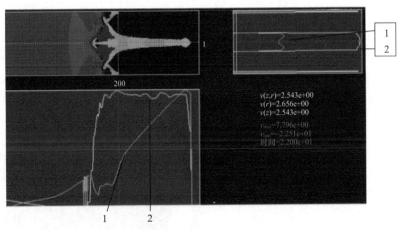

1—速度v_z线图；2—密度曲线图。

图 3.16　起爆 $22\mu s$ 时的聚能爆炸材料流、轴向速度(v_z)曲线图和密度曲线图
（所示云图为能量分布等水平线）

起爆 $30\mu s$ 时,持续形成聚能射流。如图 3.17 所示,实际上铝辅助药型罩的所有材料都集中在对称轴附近,而第一个辅助药型罩材料——聚苯乙烯从这个区域被挤出。最大的能量沿所形成的聚能射流对称轴线集中。如图 3.17 所示为 $1.5\sim2.5(km/s)^2$ 范围内的等能量水平线。能量最大的区域用黑色分出。

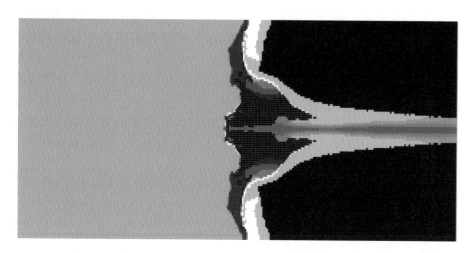

图 3.17　起爆 $30\mu s$ 时的聚能爆炸材料流($1.5 \sim 2.5(km/s)^2$ 范围内的单位内能等水平线分布图）

如图 3.18 所示为起爆 $47.6\mu s$ 时的聚能爆炸材料流。

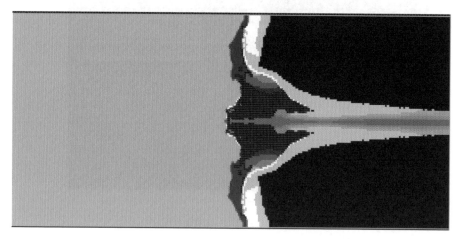

图 3.18　起爆 $47.6\mu s$ 时的聚能爆炸材料流（单位内能等水平线分布图）

所形成的聚能射流直径大于杵体的直径。第一个辅助药型罩材料——聚苯乙烯从射流形成区域被抛出并破坏。在聚能射流的近轴线区域剩下了第二个辅助药型罩的材料——铝，它继续被压缩。沿对称轴，杵体击穿了第二个辅助药型罩的材料。

因此，所列出的计算结果表明：在带有并串联装置的射孔弹中可形成高速聚能射流并含有质量小于射流质量的杵体。在采用多个波形控制器－辅助药型罩的条件下,就可控制聚能射流的形状。

辅助药型罩可用各种不同材料制作[1-5]。

辅助药型罩用带有 DU 状态方程的石英砂材料制作。如图 3.19 所示为装药结构图。

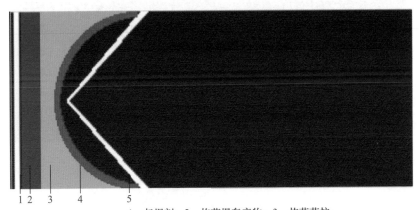

1—起爆剂; 2—炸药爆轰产物; 3—炸药药柱;
4—砂制作的波形控制器–辅助药型罩; 5—主药型罩。

图 3.19 装药结构图

对直径为 60mm 和长度为 47mm 的射孔弹进行了模拟。射孔弹用能形成平面波阵面爆轰波的起爆管引爆。炸药采用密度为 $1.75g/cm^3$ 的黑索今。半球形的波形控制器 – 辅助药型罩是用密度为 $1.65g/cm^3$ 和声速为 3.32km/s 的砂制作。对称轴线的辅助药型罩壁厚度大约为 1mm。铜锥形主药型罩全锥角为 96°,在对称轴上的药型罩壁厚为 1mm。

辅助药型罩被炸药的爆轰产物加速,与铜主药型罩碰撞,开始起爆 10.2μs 后,铜药型罩就开始形成聚能射流。由于铜药型罩顶部的钝角形状,射流的头部就具有反向速度梯度,并沿半径以 800m/s 的速度飞散。位于铜主药型罩后面的辅助药型罩材料具有水平和径向压缩速度形成聚能射流,见图 3.20。炸药的能量在很大程度上都在辅助药型罩材料中,而且相当大部分能量集中在主药型罩材料后的轴向区域。

图 3.21 所示为起爆 12.2μs 时的聚能爆炸材料流和轴向速度曲线图。铜聚能射流持续形成,最大速度稍大于 8km/s。聚能射流头部中的材料因在成形时过度压缩而沿半径扩展。这就说明由辅助药型罩所形成的 z 方向冲量值不够,应对辅助药型罩修正。辅助药型罩将所获得的冲量传输给主药型罩。

起爆 17.4μs 时已形成了粗射流和细杆体形式的聚能体。聚能射流头部

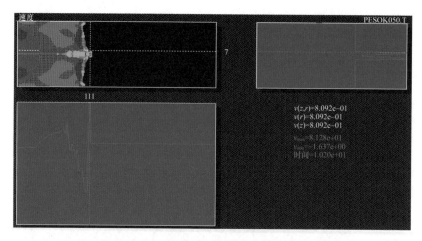

图 3.20　起爆 10.2μs 时的聚能爆炸材料流和径向速度(v_r)
曲线图(所示云图为等径向速度线)

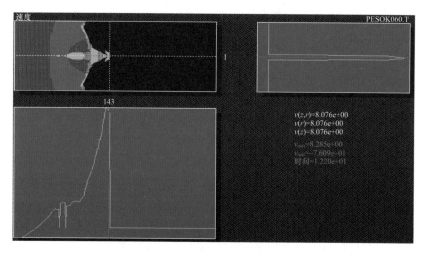

图 3.21　起爆 12.2μs 时的聚能爆炸材料流和轴向速度(v_z)
曲线图(所示云图为等轴向速度线)

崩裂成碎块并沿半径分散,射流材料以 8km/s 的速度向前脱离。聚能射流头部的最大速度为 7km/s 左右,见图 3.22。在射流的头部对称轴线上出现了气孔。

起爆 29.4μs 时,聚能射流形成过程完结,见图 2.23。聚能射流形成时,射流直径为 8mm、速度为 3km/s 的聚能射流。所形成的聚能射流直径比杵体的直径大。辅助药型罩材料——砂子实际上全部留在射流之外,但是相当大部分砂

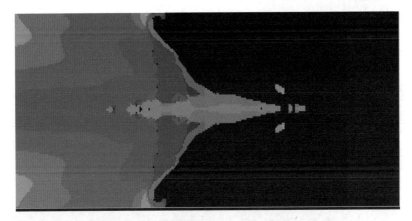

图 3.22　起爆 17.4μs 时的聚能爆炸材料流(等径向速度线分布图)

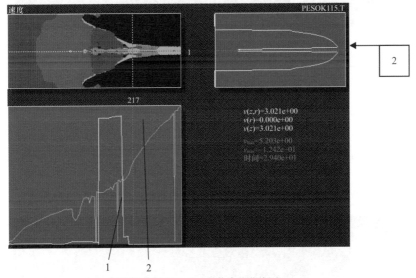

1—v_z方向速度曲线图；2—单位内能曲线图。

图 3.23　起爆 29.4μs 时的聚能爆炸材料流、轴向速度(v_z)曲线图和
单位内能曲线图(所示云图为等轴向速度线)

位于对称轴附近,并且还具有很大的能量,这就说明所研究的并串联装置的结构不是最佳的。

应当指出,药型罩的形状参数、厚度和质量沿其长度和半径的分布是在进行计算基础上根据使用类似射孔弹的试验条件所取。例如,选择半球形辅助药型罩具有随机特性。这也可为带有不同的表面形状,当然包括锥形辅助药型罩的射孔弹。

用食用盐(NaCl)制作辅助药型罩。装药结构图完全与上一次研究的情形相似。选择密度为 2.15g/cm³，在物质中声速为 3.4km/s 的食用盐作为波形控制器 – 辅助药型罩的材料，见图 3.24。

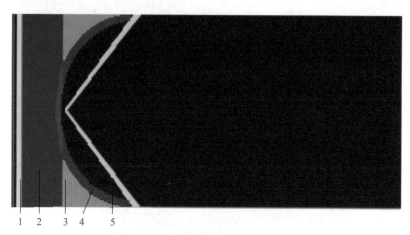

1—起爆剂；2—炸药爆轰产物；3—炸药药柱；
4—NaCl制作的波形控制器–辅助药罩；5—铜主药型罩。

图 3.24　装药结构图

我们来观察辅助药型罩是如何影响最终结果——聚能射流的形成。起爆 7.4μs 时，铜聚能射流就开始形成，见图 3.25。在这个时刻的聚能射流初始速度为 5.191km/s。聚能射流的头部具有大的反向速度梯度，因此聚能射流头部的质量增大。辅助药型罩将冲量传输给主药型罩。

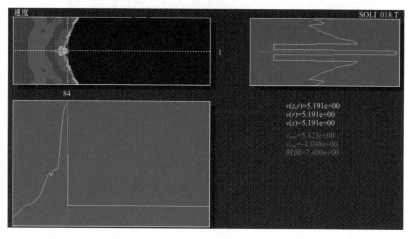

图 3.25　起爆 7.4μs 时聚能爆炸材料流和轴向速度(v_z)曲线图(所示云图为等轴向速度线)

起爆 9.2μs 时,聚能射流头部的直径与杆体直径相同。所形成的聚能射流最大速度达到了 6.875km/s,见图 3.26。聚能射流头部的反向速度梯度和射流头部材料沿半径飞散还依然存在。冲量从辅助药型罩材料传输到主药型罩。

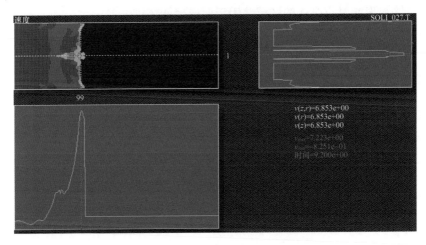

图 3.26　起爆 9.2μs 时的聚能爆炸材料流和轴向速度(v_z)
曲线图(所示云图为等轴向速度线)

起爆 13.8μs 时,形成聚能射流,见图 3.27。在射流头部出现材料沿射流半径以 285m/s 的径向速度飞散。聚能射流的轴向速度增大,为 7.581km/s。所形成的聚能射流头部中无反向速度梯度。聚能射流头部中的速度在射流的对称轴上最大,外缘减小。杆体的直径变得比所形成的聚能射流直径小。杆体的最大速度为 1.6km/s。

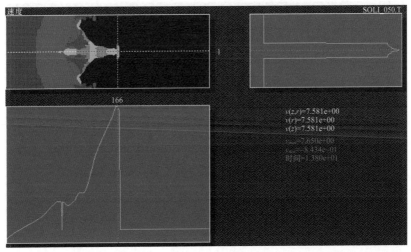

图 3.27　起爆 13.8μs 时的爆炸材料流和轴向速度(v_z)曲线图(所示云图为等轴向速度线)

起爆 19.8μs 时，聚能射流以超聚能方式持续形成。聚能射流的最大速度为 7.180km/s，见图 3.28。辅助药型罩材料的能量集中在主药型罩后的对称轴附近。如图 3.28 所示为 4~5.7(km/s)² 范围内的等能量线。最大的单位内能正好在杆体与聚能射流毗连的区域并用于形成聚能体。

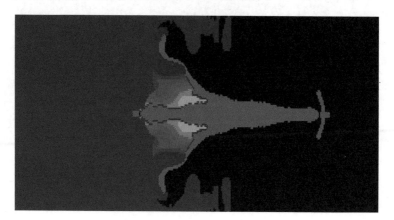

图 3.28　起爆 19.8μs 时的聚能爆炸材料流(4~5.7(km/s)² 范围内的
单位内能等水平线分布图)

起爆 28.4μs 时，所形成的聚能射流超出计算场范围。被辅助药型罩材料填充的主药型罩周围部分与射流形成区域分离，见图 3.29。聚能射流开始不再形成。用坐标网格所标记的聚能射流速度为 3km/s。这个截面中的聚能射流直径为 10mm。

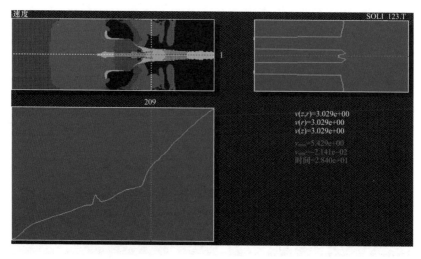

图 3.29　起爆 28.4μs 时的爆炸材料流和轴向速度(v_z)曲线图(所示云图为等轴向速度 v_z 线)

因此,在使用砂和食用盐制作的波形控制器条件下,聚能射流的速度特性是接近的。

我们来研究里面辅助药型罩用小密度材料(石蜡)制作的并串联装置聚能射孔弹。石蜡的密度为 0.91g/cm^3 ,而在材料声速为 3.32km/s 。

可能有两种情形:第一种情形是辅助药型罩几何形状与上述所研究的带砂和食盐药型罩的射孔弹中相同。在这种情况下,石蜡辅助药型罩的质量比上述射孔弹中辅助药型罩小很多,虽然上述辅助药型罩的质量和气体动力学参数同样有差异,然而,在采用石蜡辅助药型罩的情况下,这个差别将变得更大。第二种情形是增大石蜡药型罩厚度,使得辅助药型罩的质量与上述辅助药型罩质量相同。

我们来研究第一种情形。装药结构图和上一射孔弹中相同,只是使用的不是食盐,而是石蜡。起爆 $8.2\mu\text{s}$ 时的爆炸材料流和轴向速度曲线图,见图 3.30。

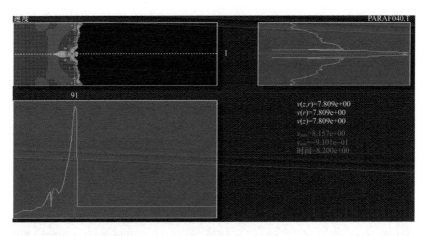

图 3.30　起爆 $8.2\mu\text{s}$ 时的爆炸材料流和轴向速度 (v_z) 曲线图(所示云图为等轴向速度 z 线)

在聚能射流形成时主药型罩出现不稳定性。如果在上述的计算中主药型罩开始时候也出现不稳定性,但是在药型罩受压和运动过程中不稳定性的幅度减小了并对聚能射流形成过程影响微弱,那么,在使用同质量下的石蜡辅助药型罩时,主药型罩的不稳定性就增大了。聚能射流的最大速度也接近 8km/s 。在聚能射流头部同样有反向速度梯度。

随着时间的流逝,聚能射流的形成进行得比较缓慢,同时杆体的长度增大很大,见图 3.31。聚能射流的最大轴向速度 v_z 超过 8km/s ,而聚能射流的头部与前面所研究的试验中一样沿半径飞散。在射孔弹中实际上仅仅形成杆体。

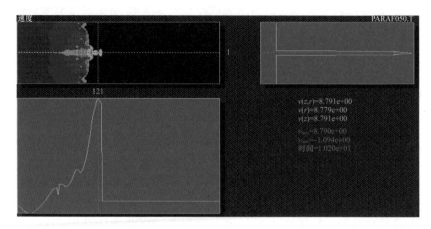

图 3.31　起爆 10.2μs 时的爆炸材料流和轴向速度(v_z)

曲线图(所示云图为等轴向速度 v_z 线)

起爆 12.2μs 时,主药型罩表面形状不稳定性减小,但是,聚能射流形成过程完全被破坏,见图 3.32。

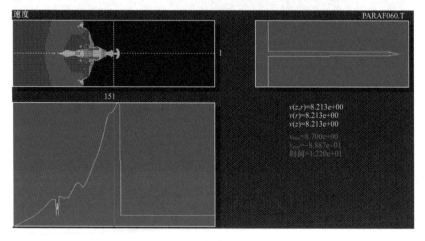

图 3.32　起爆 12.2μs 时的爆炸材料流和轴向速度(v_z)

曲线图(所示云图为等轴向速度 v_z 线)

利用增大石蜡辅助药型罩的厚度增大它的质量。厚度增大了一倍,这个射孔弹如图 3.33 所示。

起爆 8.4μs 聚能射流就开始形成,速度为 6.465km/s,见图 3.34。在聚能射流头部有不到 100m/s 的小反向速度梯度。

起爆 16.4μs 时,在带有并串联装置的聚能射孔弹中的聚能射流形成过程如

1—炸药爆轰产物；2—炸药药柱；3—波形控制器-辅助药型罩；4—主药型罩。

图 3.33　装药结构图

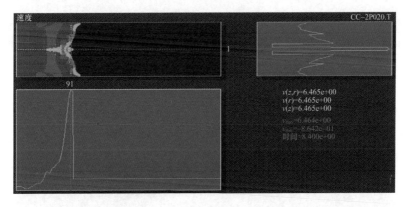

图 3.34　起爆 8.4μs 时爆炸材料流和轴向速度(v_z)曲线图

图 3.35 所示。聚能射流的最大速度增大到 7.24km/s，射流头部中的速度梯度消失了，但是，所产生的生成物在径向方向以 12m/s 的速度分散。

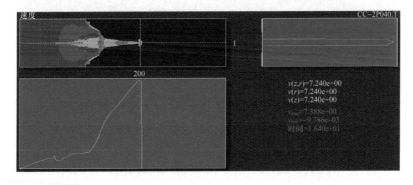

图 3.35　起爆 16.4μs 时爆炸材料流和轴向速度(v_z)曲线图

所形成聚能射流在速度梯度的作用下沿其长度强化拉伸,而聚能射流的形成过程最终转为超聚能状态,见图 3.36。杆体的直径变得小于聚能射流的直径。聚能射流的最大速度减小了,为 7.05km/s。

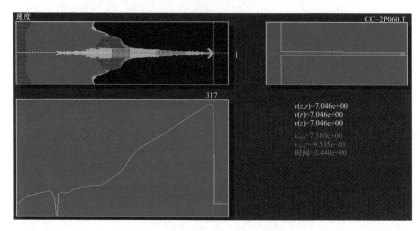

图 3.36　起爆 24.4μs 时爆炸材料流和轴向速度(v_z)曲线图

起爆 40μs 时,这个过程还持续强化,见图 3.37。聚能射流开始与低速的主药型罩和辅助药型罩分离。到这个时刻,形成了粗聚能射流和细杆体。杆体的最小速度为 1.2km/s,最大速度为 2.6km/s 左右。

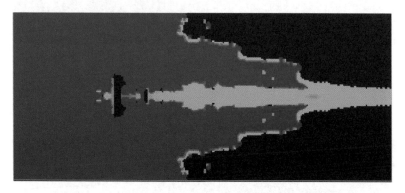

图 3.37　起爆 40μs 时爆炸材料流(等密度水平线分布图)

可以用小密度的波形控制器(辅助药型罩)材料形成超聚能射流。

在这个过程中起主要作用的是辅助药型罩的质量及其沿药型罩母线的分布。用选择辅助药型罩中质量的分布就可调节聚能射流的形成过程,参与形成过程不仅有气体动力学参数,而且还有像材料声速、药型罩之间的距离及其形状等这类结构参数。

　　在第 2 章,对于消除薄壁药型罩压垮时的不稳定性,我们已经使用了并串联装置,薄壁药型罩对于设计油井射孔是很有益的。在本章,石蜡辅助药型罩计算验证,采用小密度材料的可能性。

　　这种聚能装药结构含有一个波形控制器——辅助药型罩或几个同轴的辅助药型罩,辅助药型罩和主药型罩有直接让辅助药型罩充分加速的空间[1-5]。波形控制器——辅助药型罩或几个辅助药型罩与主药型罩同轴。辅助药型罩密度通常不超过主药型罩密度,而且,辅助药型罩材料密度随着距主药型罩外表面的距离增大而减小[1-5]。

　　辅助药型罩可用无机物质、有机物质、易熔金属或合金、多孔复合材料钢或者它们的混合物制作。

　　为了增大并串联装置中主药型罩的聚能射流速度,可以采用表面截短形式的药型罩和辅助射流成形方式从传统聚能方式过渡到超聚能方式的波形控制器[1-5]。

　　用图 3.38 所示的聚能射孔弹成形过程的计算结果对这个论点加以说明。

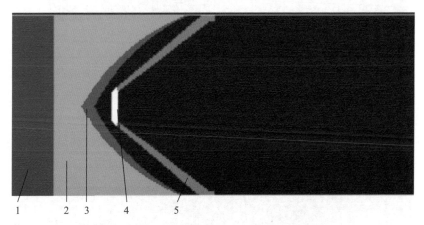

1—炸药爆轰产物；2—炸药药柱；3—波形控制器-辅助药型罩；
4—主药型罩的波形控制器；5—主药型罩。

图 3.38　装药结构图

　　直径为 60mm 的射孔弹辅助药型罩材料为聚苯乙烯,主药型罩材料为铝,波形控制器材料为钢、辅助药型罩材料为钢。辅助药型罩表面由半径为 70mm 的球形逼近,其总长度为 30mm。辅助药型罩壁厚为 5mm,主药型罩是顶部直径为 12mm,锥角为 66.6°的截锥形,药型罩顶部的壁厚度为 0.84mm。主药型罩的波形控制器为直径为 12.6mm、厚度为 2mm 的圆盘。辅助药型罩内表面与主药型罩波形控制器之间沿对称轴的距离为 9mm。炸药采用密度为 1.75g/cm³ 黑索今,采用端面起爆。起爆 4.8μs 时,平面爆轰波压缩辅助药型罩材料。辅助药型罩与主药型罩波形控制器碰撞并将从炸药爆轰产物所得到的冲量传输给主药型罩波形控制器。对称轴聚苯乙烯辅助药型罩的 v_z 最大速度为 7.648km/s,见图 3.39。

由图 3.39 所示的结果得出结论:对称轴线上,在与主药型罩碰撞之前辅助药型罩就开始形成聚能射流。

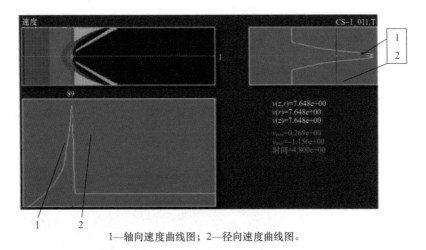

1—轴向速度曲线图;2—径向速度曲线图。

图 3.39 起爆 4.28μs 时的聚能爆炸材料流和轴向速度(v_z)、径向速度(v_r)曲线图

(所示云图为等轴向速度线)

稍后辅助药型罩开始压缩主药型罩,铝药型罩材料向对称轴上运动。对称轴辅助药型罩使主药型罩波形控制器弯曲加速。到 6.8μs 时的过程如图 3.40 所示。主药型罩波形控制器的 z 向最大速度等于 5.554km/s。

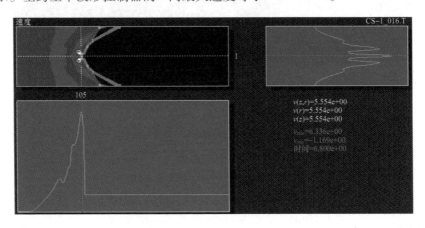

图 3.40 起爆 4.8μs 时爆炸材料流和轴向速度(v_z)曲线图(所示云图为等 z 轴向速度线)

对称轴主药型罩对称轴压垮角为 180°左右。因此,超聚能射流开始形成,越过传统聚能射流。辅助药型罩对主药型罩加载时间较之普通类型射孔弹中炸药爆轰产物直接所产生要长。到铝药型罩射流形成时,与辅助药型罩的碰撞过程还未结束。

起爆 8μs 时,超聚能流形成,并形成细杆体和最大速度为 12.34km/s 的粗大聚能射流。

辅助药型罩材料(聚苯乙烯)位于铝主药型罩之后,持续将从炸药药柱爆轰产物所得到的冲量传输给主药型罩。根据距对称轴的距离,辅助药型罩材料的运动 v_z 在 3.5 ~5km/s 变化,见图 3.41。最大冲量集中在射孔弹中心部位。图 3.41图上的 z 方向等速度线所示速度范围为 3.5 ~5km/s。

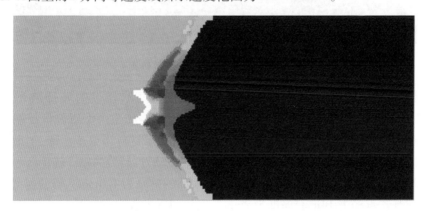

图 3.41　起爆 8.0μs 时刻爆炸材料流(3.5 ~5km/s 范围的等 z 方向速度线分布图)

起爆 19μs 时,形成了射流,见图 3.42。所形成的聚能射流直径超过杆体的直径。辅助药型罩材料开始与射流材料分离。

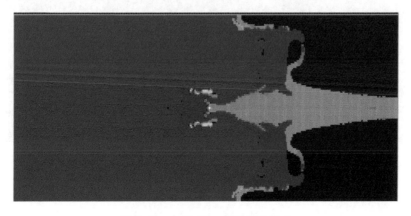

图 3.42　起爆 19μs 时爆炸材料流

起爆 26μs 时,辅助药型罩材料实际上与所形成的聚能体分离了,见图 3.43。

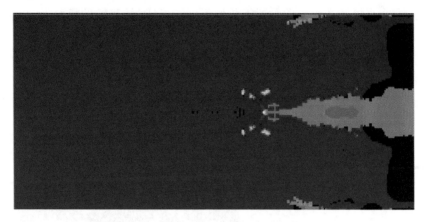

图 3.43　起爆 26μs 时爆炸材料流

聚能射孔弹可以使用与主药型罩和辅助药型罩连接的底部波形控制器[1-5]。图 3.44 所示为包含辅助药型罩波形控制器和主药型罩波形控制器的聚能射孔弹结构。射孔弹直径为 60mm,辅助药型罩材料为聚苯乙烯,辅助药型罩的波形控制器材料为铝,主药型罩材料为铝,波形控制器为钢。辅助药型罩为截锥形,顶部直径为 14mm,锥角为 77.9°,顶部的壁厚为 1.3mm。辅助药型罩的波形控制器直径为 14mm、厚度为 2mm。主药型罩为截锥形顶部,直径为 14mm、锥角为 55.4°,顶部厚度为 0.89mm。主药型罩的波形控制器直径 14mm、厚度为

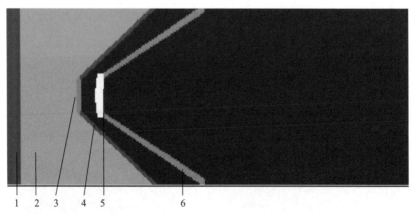

1—炸药爆轰产物;2—炸药药柱;3—辅助药型罩波形控制器;
4—辅助药型罩;5—主药型罩波形控制器;6—主药型罩。

图 3.44　装药结构图

2mm。主药型罩内加速半径为 6mm,而辅助药型罩的内加速半径为 5mm,炸药采用密度为 1.75g/cm³ 的黑索今。采用起爆管端面冲击起爆。

　　辅助药型罩材料在对称轴上碰撞后就可以形成聚能射流,因此,对称轴线上主药型罩波形控制器的厚度增大,以便保证主药型罩的射流形成。

　　在辅助药型罩与主药型罩碰撞时刻之前,不允许辅助药型罩材料形成聚能射流的方法就是采用带半球形面辅助药型罩。对称轴起爆 4.2μs 时,辅助药形罩与波形控制器相互作用,开始向对称轴运动,见图 3.45。

图 3.45　起爆 4.2μs 时爆炸材料流

　　起爆 5.4μs 时,带有波形控制器的辅助药形罩材料开始对主药型罩的波形控制器和主药形罩加载,将从炸药药柱爆轰产物所得到的冲量传输给它们,见图 3.46。

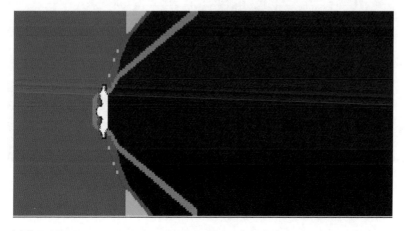

图 3.46　起爆 5.4μs 时爆炸材料流

起爆 2.6μs 时,形成最大速度为 11.93km/s 的聚能射流头部。聚能射流直径大于杵体的直径。主要覆面的表面失去了稳定性,这不会影响射流形成的过程,如图 3.47 所示。

随着压垮时间的增加,形成质量大的高速聚能射流,杵体的最大厚度开始减小。射流过渡到超聚能状态。所形成的聚能射流最大速度为 12.99km/s。波形控制器和辅助药型罩的材料将所得到的冲量传输给主药型罩。

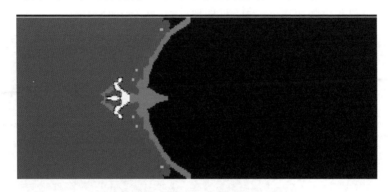

图 3.47 起爆 8.2μs 时爆炸材料流

在这种射孔弹中,未进行结构优化。当药形罩初始半径对聚能射流的速度影响结束时,药型罩所形成的聚能射流在药型罩出口处具有较大速度,并出现沿射流轴线速度曲线带有两个突起,见图 3.48。聚能射流速度 v_z 分量这种异常关系曲线的出现就成为增大主药型罩质量的依据。

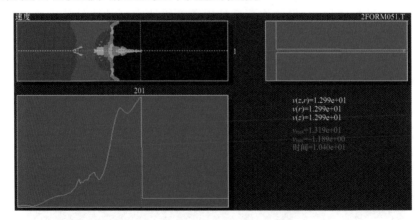

图 3.48 起爆 10.4μs 时爆炸材料流和轴向速度(v_z)曲线图

只有在药型罩小锥角的条件下才可能出现这种异常的速度分布关系曲线。药形罩大锥角的条件下,第二个突起处就不会出现,而沿射流长度的速度梯度就变大。

　　为研究在冲量从辅助药型罩传输到主药型罩后辅助药形罩材料与主药型罩分离的可能性,对主药型罩外表面上在药形罩碰撞时可爆轰的薄层炸药进行了计算研究,见图 3.49。使用了带有辅助药型罩和主药形罩共用的波形控制器的并串联装置。辅助药型罩材料为铝,主药型罩材料为铜。辅助药型罩锥角为83.6°,顶部直径为 26mm 和底端直径为 30mm 的截锥体。辅助药型罩顶部处的壁厚为 2.24mm,底端处的壁厚为 4.66mm。主药型罩为锥角 55.65°,顶部直径为 11mm 的截锥体。主药型罩顶部处的壁厚为 0.88mm,底端处的壁厚为1.77mm。波形控制器材料为钽,波形控制器底端的直径为 26mm,椎体部分的直径为 10mm,对称轴上的厚度为 10mm。炸药采用密度为 1.75g/cm³ 的黑索今。铜药型罩涂有厚度为 0.5mm 的炸药(密度为 1.66g/cm³)涂层。射孔弹的总图如图 3.49 所示。

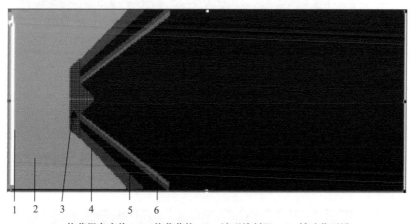

1—炸药爆轰产物; 2—炸药药柱; 3—波形控制器; 4—辅助药型罩;
5—薄层炸药; 6—主药型罩。

图 3.49　装药结构图

　　起爆 5.0μs 时,辅助药形罩碰撞到主药型罩,铜药型罩表面上的薄层炸药爆轰就开始了,见图 3.50。如果在炸药爆炸前,辅助药形罩表面上的径向压缩速度大于 2km/s,在薄层黑索今爆轰后,径向压缩速度几乎减小了 90%。

　　起爆 8.45μs 时,主药形罩压垮对称轴形成初始速度为 6.441km/s 的聚能射流。辅助药形罩材料还未完全与主药型罩整个表面接触。在铜主药形罩表面上还留有未爆轰的炸药(黑索今)层。辅助药形罩的能量不足以引爆主药型罩外表面的黑索今,如图 3.51 所示。

　　射流形成过程非常慢,所形成的聚能射流是低速射流,见图 3.52。聚能射

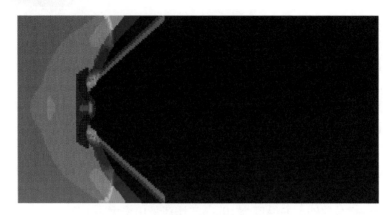

图 3.50　起爆 5μs 时爆炸材料流(等压力线分布图)

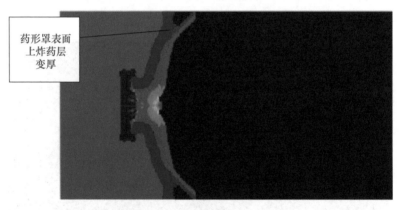

药形罩表面
上炸药层
变厚

图 3.51　起爆 8.45μs 时爆炸材料流(等压力线分布图)

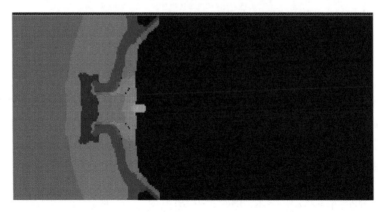

图 3.52　起爆 11.4μs 时爆炸材料流(等径向速度(v_r)水平线分布图)

流的最大速度为 7.03km/s。射流的头部有反向速度梯度。聚能射流直径小于杆体的直径。

主药型罩外表面上的薄炸药层从根本上影响了射流形成过程并改变了聚能射流和杆体形成的整个过程。

在第 1 章研究了影响单个药型罩材料压垮前翻转的主要原因。射孔弹中心部位药型罩外的高压促进了药型罩压垮前的翻转。如图 3.53 所示,炸药药柱内加入屏蔽层。在屏蔽内外的炸药药柱爆轰后,在内部保持着药型罩外的高压力。中心部位,药型罩顶部区域中的压力维持较长时间,这就有助于药型罩材料改向和成大角度压垮,从而实现超聚能方式压垮,并形成大质量的高速聚能射流。

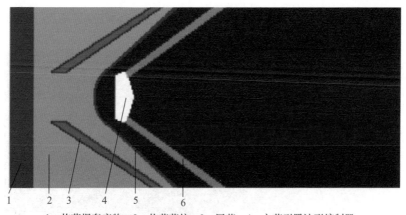

1—炸药爆轰产物;2—炸药药柱;3—屏蔽;4—主药型罩波形控制器;
5—辅助药型罩;6—主药型罩。

图 3.53　装药结构图

直径为 60mm 的超聚能射孔弹由炸药药柱、钢屏蔽层、铝辅助药形罩、钽波形控制器和钢主药形罩构成。通过起爆管端面起爆形成平面波。辅助药型罩包括球形和锥形两种,球形部分半径为 10mm,锥形部分锥角为 73.7°,对称轴药型罩厚度为 1mm。主药型罩锥角为 62.8°,截短部分直径为 16mm,药型罩的壁厚度为 2.1mm。主药型罩的波形控制器直径为 16.6mm,对称轴厚度为 7mm。屏蔽层的锥角为 56.4°,壁厚度为 2.8mm。炸药采用密度为 1.75g/cm³ 的黑索今。

起爆 6.8μs 时,无论是屏蔽外,还是屏蔽内的炸药都受到爆轰,在射孔弹中出现 10~27GPa 范围的爆轰产物高压力,见图 3.54。

炸药药柱爆轰产物的高压力区域被屏蔽保持到 8.4μs 时,见图 3.55。

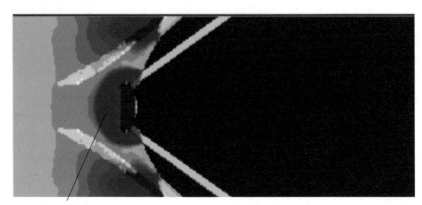

高压力区域

图 3.54　起爆 6.8μs 时爆炸材料流(10～27GPa 范围内的等压力水平线分布图)

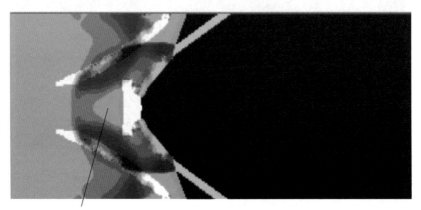

高压力区域

图 3.55　起爆 8.4μs 时爆炸材料流(10～27GPa 范围内的等压力水平线分布图)

　　随着时间增加,在爆轰产物压力差作用下,屏蔽获得对称轴径向速度。辅助药型罩将冲量传输给主药型罩,由主药形罩形成最大速度为 8.5km/s 的铜聚能射流,见图 3.56。所形成的聚能射流直径大于杵体的直径。

　　如图 3.57 所示为聚能射流形成的结束阶段。聚能射流最小速度为 2.5km/s,聚能射流的平均直径为 6mm,为聚能射孔弹直径的 10%。

　　增大射孔弹药型罩外中心部位爆轰产物压力值也可以采用其他方法得到,例如,采用对称轴下无孔的高密度壳体或其他类型的类似结构取代屏蔽。但是,这会导致制作工艺复杂。有一个简单的方法,就是增大药型罩外对称轴线上的能量密度[1-5]。通过对环形区域炸药药柱进行爆轰,利用炸药爆轰波的聚能效

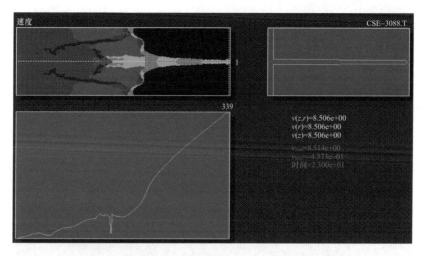

图 3.56　起爆 3μs 时刻爆炸材料流和速度(v_z)曲线图

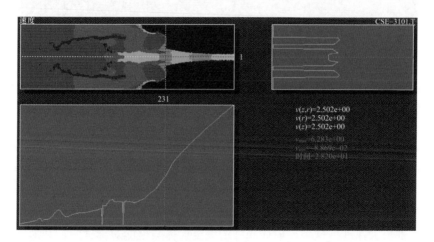

图 3.57　起爆 28.2μs 时爆炸材料流和速度(v_z)曲线图(等径向速度v_r线分布图)

应和爆轰波在射孔弹对称轴上碰撞时所产生的高压力值,可达到这一目标。

通过改变起爆环半径和起爆环到药形罩顶部的距离就能调节爆轰产物在对称轴碰撞时产生的高压区。此外,波形控制器加速和主药型罩压缩不匹配可能导致炸药利用率降低。下面通过聚能射孔弹计算实例,来说明这些射孔弹爆轰波在对称轴线碰撞时炸药爆轰波的聚能效应并增大爆轰产物压力值。如图 3.58 所示为装药结构示意图。装药直径为 60mm,长度为 51mm,由炸药药柱、反射体和带波形控制器的主药型罩构成。炸药通过石蜡环冲击起爆。炸药选用密度为 1.71g/cm^3 的 50/50 黑索今/梯恩梯。铝主药型罩截短顶部直径为

10mm,锥角为102.7°,顶部药形罩壁厚为0.63mm。药型罩的波形控制器为钢,直径为30mm,沿对称轴的厚度等于5mm。反射体在距波形控制器顶部2mm的距离上。

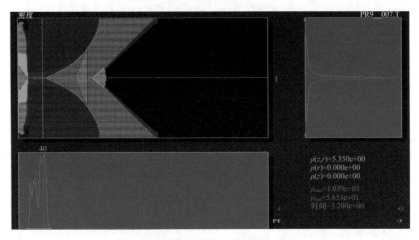

图 3.58 装药结构图(起爆3.2μs时对称轴的等密度水平线分布图和等压力水平线,$P_{最大}$ =410.9GPa)

前面数值计算表明,在枪弹密度等于或小于水密度的条件下,垂直水自由面发射到水中的枪弹就会造成像在水面爆炸一样的液体流动[11]。在炸药爆轰的计算中利用了这个效应,以减小起爆管对爆轰过程的影响。

在药型罩后面,在对称轴处垂直对称轴安置反射体,其用途是保障炸药爆轰产物压力对药型罩材料的作用,保障药型罩的径向压缩速度,为产生波形控制器轴向速度分量创造条件。保障所形成的聚能射流头部的最大速度。

但是,在这种情况下,会稍微增大在超聚能射流形成所需的时间,增大聚能射流头部最大速度。这种反射体同样增大反射体与聚能对称轴附近药形罩之间的炸药爆轰产物高压的作用时间。

由于环形起爆管所形成的爆轰波相互作用,在对称轴上产生最大压力值超过400GPa的局部高压区,这个压力随时间很快减小。在点起爆时,压缩的爆轰波具有富裕能量,以便在爆轰波波阵面扩展时维持物质的爆炸。因为在爆轰波沿炸药药柱传播时,常常会看到未爆炸的炸药微粒。在压缩的爆轰波中,炸药爆炸较充分,因此可减小射孔弹中的炸药量并减小射孔弹的长度。

在炸药点起爆时,甚至是在大威力起爆管条件下,在药柱对称轴线上波阵面只是在小于射孔弹直径的距离上才变成稳态波阵面。考虑到油井管内空间不足,使用环形起爆管就具有重要意义。

起爆 $6.8\mu s$ 时,形成了最大速度为 $16.59km/s$ 的聚能射流,见图 3.59。

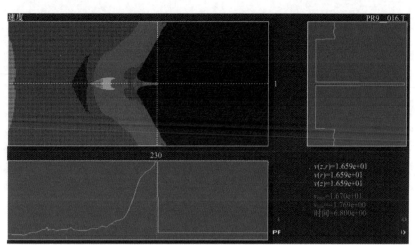

图 3.59　起爆 $6.8\mu s$ 爆炸材料流和速度 (v_z) 曲线图(等径向速度 (v_r) 线分布图)

随着时间增长,聚能射流头部中材料出现分离,见图 3.60。聚能射流的最大速度从 $16.59km/s$ 减小到 $15km/s$,而所分离的粒子速度为 $16.45km/s$。

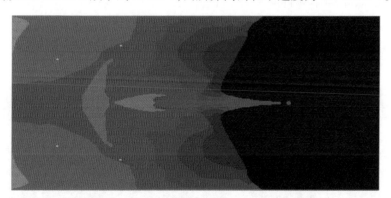

图 3.60　带有反射体的聚能射孔弹中的材料流(等径向速度 (v_r) 水平线分布图)

在类似的射孔弹中,不带反射体,这时也发生聚能射流头部材料分离,在这种情况下,射流的最大速度变小了,为 $14.49km/s$。

起爆到 $12\mu s$ 时,聚能射流超出计算场范围,但是可看到持续形成聚能射流,见图 3.61。杆体的材料与波形控制器材料分离,药型罩材料大部分进入聚能射流,所形成的聚能射流直径大于杆体直径。

这样一来,在带有环形起爆管的聚能射孔弹中可实现高速大直径的超聚能射流。

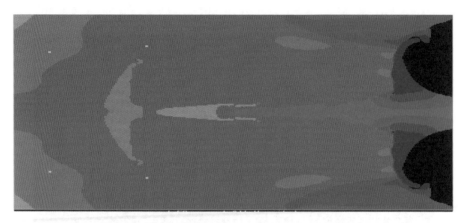

图 3.61 起爆 12μs 时爆炸材料流(等径向速度 v_r 线分布图)

我们来研究环形起爆对带有并串联装置和公用波形控制器的聚能射孔弹的影响,见图 3.62。聚能射孔弹直径为 60mm,长度为 62mm,由钢环形起爆管、药柱、聚苯乙烯材料的辅助药型罩、铝材料的主药型罩和钢材料的公用波形控制器构成。炸药采用密度为 $1.75\mathrm{g/cm^3}$ 的黑索今。采用截锥体形状、锥角为 59.5°,顶部直径为 28mm 和顶部厚度为 2mm 的辅助药型罩。主药型罩同样具有截锥体形状,顶部直径为 15mm 和壁厚为 1mm。波形控制器最大直径为 28mm,锥体部分直径为 8mm,厚度为 6mm。波形控制器有一个尖,用来防止气体破坏聚能射流微元。

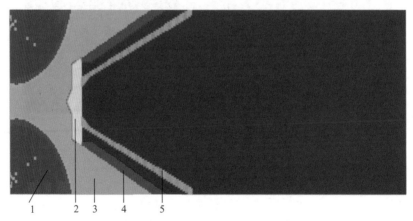

1—环形起爆管；2—波形控制器；3—炸药药柱；
4—辅助药型罩；5—主药型罩。

图 3.62 装药结构图(起爆 2.8μs 时等密度线分布图)

在爆轰波阵面后可以看到在初始时刻未受爆轰并留在爆轰产物中的少量炸药粒子。

起爆 4μs 时,爆轰波到达了波形控制器,就开始对其加速。此时,对称轴波形控制器表面压力值为 245.9GPa。爆轰波成角度接近辅助药型罩并开始对其压缩。爆轰产物从射孔弹圆柱面飞散,对称轴的压力值减小,在对称轴上的波形控制器端面附近压力值是相当大的,见图 3.63。

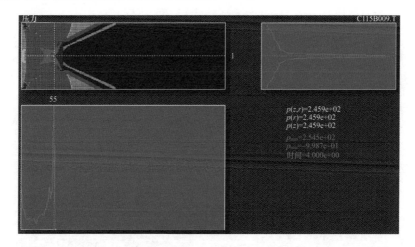

图 3.63　起爆 4μs 时爆炸材料流和沿对称轴的压力曲线图(等压力线分布图)

起爆 8.8μs 时,辅助药型罩与主药型罩发生了碰撞,开始了对主药型罩的压缩,见图 3.64。主药型罩以超聚能方式形成了聚能射流。聚能射流的速度达到了 16km/s。

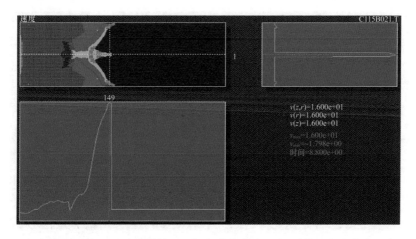

图 3.64　起爆 8.8μs 时爆炸材料流和轴向速度(v_z)曲线图(等轴向速度线分布图)

如果增大波形控制器在药型罩构件沿波形控制器表面滑动时传输给药型罩的速度分量 v_z,就可以避免聚能射流头部中聚能射流材料的分离。因此,必须改变波形控制器的质量,或者采用其他结构的波形控制器,即对这种类型的聚能射孔弹进行优化计算。

起爆 15.6μs 时,聚能射流接近计算场边界。聚能射流拉伸,射流头部材料分离。由于材料分离和射流的拉伸,射流的最大速度降低到 13.82km/s。射流末端部分的速度还足够大,超过 5km/s,见图 3.65。

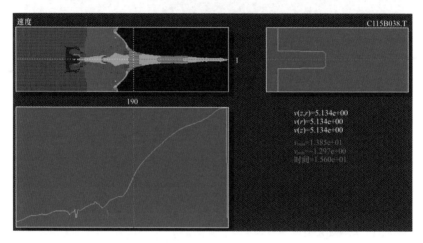

图 3.65　起爆 15.6μs 时爆炸材料流和速度(v_z)曲线图

起爆 32.4μs 时,聚能射流实际上完全形成,辅助药型罩的物质聚集在杆体的表面,见图 3.66。

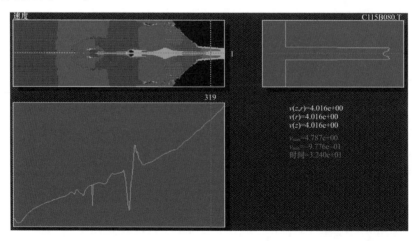

图 3.66　起爆 32.4μs 时爆炸材料流和速度(v_z)曲线图(等 v_z 速度线分布图)

　　辅助药型罩是用聚苯乙烯制作的,爆炸后聚苯乙烯会被破坏。杵体的直径小于聚能射流的直径,聚能射流的直径为 10mm 左右(聚能射孔弹直径的 16.6%)。图 3.66 所示的截面中杵体速度为 4km/s 以上。

　　我们通过数值计算来分析含并串联装置的射孔弹击穿钢靶和岩层的作用过程[1-5]。聚能射流形成和击穿靶板的作用过程如图 3.67 ~ 图 3.71 所示。

　　装药结构图如图 3.67 所示。

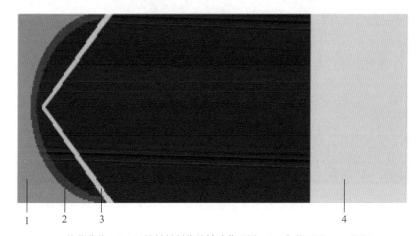

1—炸药药柱;2—活性材料制作的辅助药型罩;3—主药型罩;4—钢靶。

图 3.67　装药结构图

　　射孔弹中采用由铜制作的主药型罩和活性材料制作的辅助药型罩。射孔弹的直径为 60mm,钢靶的厚度为 60mm。

　　起爆 13.8μs 时,形成最大速度超过 8km/s 的聚能射流,见图 3.68。

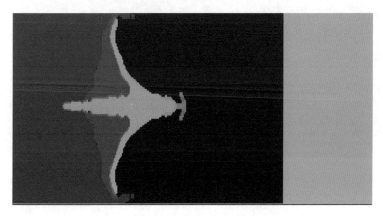

图 3.68　起爆 13.8μs 时爆炸材料流(等密度线分布图)

　　还未完全形成的射流头部碰到靶板,见图 3.69。辅助药型罩材料(蓝颜色)聚集在射流体中。这是由于主药型罩角度很大和速度矢量 v_r 很小所致。药型罩被缓慢压垮并给辅助药型罩腾出空间。为了形成密实聚能体,必须减小主药型罩的角度,从而增大速度矢量 v_r。

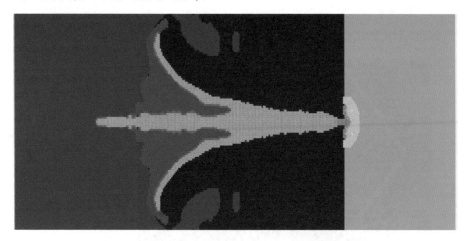

图 3.69　起爆 19.8μs 时击穿靶板时的爆炸材料流(等密度线分布图)

　　图 3.70 所示为起爆 26.6μs 时爆炸材料流。在击穿靶板时,靶板中形成凹坑。由于与射流碰撞,冲击波沿靶板传播。随着侵彻进行,射流侵彻入靶板中,形成传统的聚能射孔。

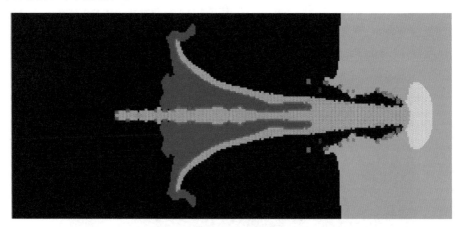

图 3.70　起爆 26.6μs 时爆炸材料流(等密度线分布图。靶板中凹坑形成)

　　起爆 35.4μs 时,虽然聚能射流形成过程还在持续,对靶板的侵彻实际上已结束。活性物质与射流一起被送入射孔中,见图 3.71。

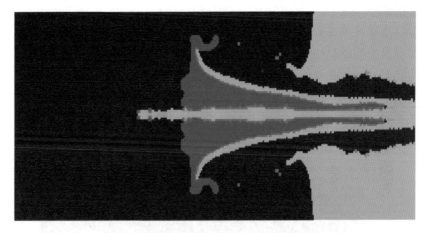

图 3.71　起爆 35.4μs 时爆炸材料和靶板材料流(活性物质送入
靶板的凹坑中。等密度线分布图)

3.2　采用并串联装置的聚能射孔弹的能量变化情况

在上述所研究的聚能射孔弹中,单位内能及其随时间的变化和传播能够反应杆体和聚能射流形成过程的许多信息。

观察超聚能方式所形成的聚能射流材料中单位内能的变化。当聚能射流直径变得足够大时,研究在聚能射流形成过程中单位内能沿其长度和半径的分布是可以实现的。

将能量从炸药药柱传输到辅助药形罩再从辅助药型罩传输到主药型罩,从而形成超聚能射流。由不同部件的材料构成对形成的超聚能射流参数具有重要影响。在矿产开采领域的工程应用中,许多情况下最关心的不是穿透深度,而是侵彻坑体积。

比较各种不同材料,例如,由铝、钢和钽形成的聚能射流能量参数。然而,在不改变射孔弹结构时只更改药型罩的材料无法有效表征聚能射流能量特征,因为药型罩材料和装药结构需要匹配设计才能使射流参数达到最优值。

此外,在传统聚能射孔弹中有一个实例,就是带有小密度材料药型罩的聚能射孔弹和带有大密度材料药型罩的射孔弹侵彻钢靶威力接近。这是作者在用直径相同,但是长度不同的带有各相异性铝和各向同性铜药形罩的射孔弹计算得出的。铝射孔弹穿透深度几乎与带铜药型罩射孔弹穿深相同。在随后章节里将详细研究这种射孔弹。

我们来研究结构和尺寸相同的聚能射孔弹。在射孔弹中使用了相同的炸药。

所有射孔弹的区别只是辅助药型罩和主药型罩的材料及波形控制器的材料不同。

主药型罩材料选取铝、钢、铜和钽,观察在炸药爆炸时辅助药型罩材料和主药型罩材料中的能量变化。用环形起爆管对炸药起爆。射孔弹的端面有一个大质量的圆盘。在射孔弹的圆柱部分没有外壳。

如图 3.72 所示为这种射孔弹的装药结构图。

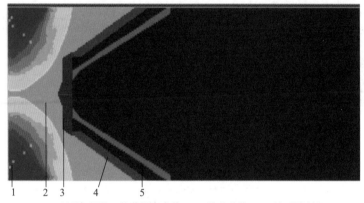

1—环形起爆管,炸药爆轰产物; 2—炸药药柱; 3—波形控制器;
4—辅助药型罩; 5—主药型罩。

图 3.72 装药结构图。起爆 3.2μs 时的材料流场
$(3 \sim 7(km/s)^2$ 范围内的等单位内能线分布图)

这种射孔弹的辅助药型罩锥角为 26.8°。

起爆 5.2μs 时,爆炸能量被传输给辅助药形罩。在图 3.73 中这些区域颜色较浅。在波形控制器前为大能量区域。辅助药形罩开始将自身的能量输出给主药形罩,使主药型罩沿径向运动。随着爆轰波的推进,炸药能量以冲击波形式传输给辅助药形罩材料。

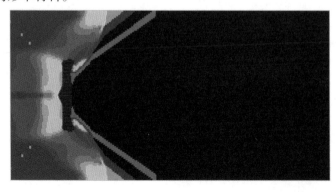

图 3.73 起爆 5.2μs 时爆炸材料流$(3 \sim 7(km/s)^2$ 范围内的等单位内能线分布图)

起爆 7.2μs 时,主药型罩材料就被压垮,在对称轴线上碰撞,见图 3.74。炸药爆轰产物结束将能量传输给辅助药型罩。在主药型罩材料压垮区域集中了相当大的能量:压力增大到了 44.73GPa,铝的最大密度为 5.59g/cm³。单位内能最大达到了 100.49(km/s)²。主药型罩材料开始形成最大速度为 14.67km/s 的聚能射流。

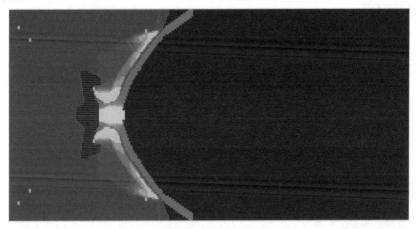

图 3.74 起爆 7.2μs 时爆炸材料流(3~7(km/s)²范围内的等单位内能线分布图)

起爆 12.4μs 时,铝药型罩形成聚能射流,见图 3.75。部分材料以 15.78km/s 的速度与聚能射流头部分离。聚能射流的最大速度减小了,为 14.13km/s。

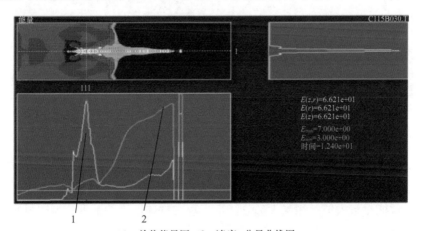

1—单位能量图;2—速度v_z分量曲线图。

图 3.75 起爆 12.4μs 时爆炸材料流和单位能量曲线图及速度 v_z 曲线图

(3~7(km/s)²范围内的等单位内能线分布图)

能量集中在射流的对称轴线范围,在该范围内材料严重压缩,产生了两个最大单位内能的区域:杵体和聚能射流头部中,与聚能射流分离的材料粒子也具有最大的单位内能。杵体的轴向速度小,但是单位能量最大值在对称轴线上的杵体中,其能级大于聚能射流中的能量级。

假设,杵体和聚能射流头部中最大能量值是聚能射流形成过程中对材料压缩和加热的结果。单位能量沿对称轴线的分布在杵体区域最大,接近杵体末端缓慢减小,在聚能射流范围内,单位能量接近其头部位置时增大。相当大部分能量保留在辅助药型罩材料中。在聚能射流超出计算场边界前,起爆 $15.2\mu s$ 时,在对称轴上聚能射流头部中单位内能值达到 $22(km/s)^2$,而在聚能射流的尾部几乎大了一倍,等于 $40(km/s)^2$。沿对称轴线能量值最小,等于 $6.394(km/s)^2$,而在射流对称轴线的垂直方向 $0.5mm$ 距离上减小,为 $5.425(km/s)^2$,见图 3.76。在这个图上,在所形成的射流轴向部分标出了 $5.45\sim6.394(km/s)^2$ 的能量。

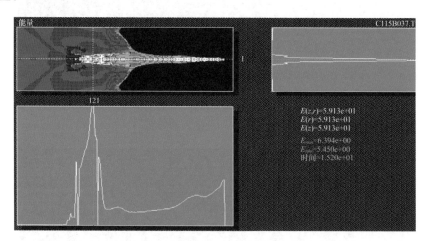

图 3.76　起爆 $15.2\mu s$ 时爆炸材料流和单位能量曲线图($5.45\sim6.394(km/s)^2$ 范围内的等单位内能线分布图)

从图 3.76 中可看出单位内能沿对称轴线在射流头部和杵体中分布,杵体部分的最大能量大于聚能射流中的最大能量。在射流的横向截面中,在对称轴上达到单位能量最大值。相当大部分能量出现在杵体四周的辅助药型罩材料中。

此外,还注意到聚能射流中的能量最小值为 $6.394(km/s)^2$。根据这个参数对由其他材料所形成的射流能量进行比较。

与聚能射流中能量相比较,杵体材料中最大能量存在的事实是令人诧异的。但是,在研究高速射流形成过程后,发现在超聚能形成过程开始前杵体具有粗大的一段过程。杆体的能量增大是与进行传统聚能方式射流形成初始阶段和随后过渡到超聚能方式相关的。

　　起爆 20.8μs 时,主药型罩外辅助药型罩材料持续运动,聚能射流仍在形成中。辅助药型罩的材料聚集在杆体周围。杆体直径减小。传统聚能过程残留下来的杆体部分中的能量依然大,它的峰值减小到了 $50(km/s)^2$,见图 3.77。

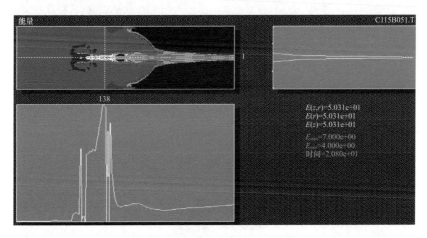

图 3.77　起爆 20.8μs 时爆炸材料流和单位能量曲线图
($4\sim7(km/s)^2$ 范围内的等单位内能线分布图)

　　在开始时是传统聚能方式,然后是超聚能方式的混合方式形成聚能射流时,在传统聚能阶段所形成的杆体单位内能值可超过聚能射流的值。

　　将辅助药型罩和主药型罩的锥角增大,以便使聚能装药由传统聚能方式向超聚能方式过渡。将主药型罩半锥角增大到了 40°。射孔弹其余参数不变。

　　药型罩有很大的锥角,球形爆轰波到达辅助药型罩外表面要比上一个射孔弹中的快。起爆 7.2μs 时,聚能射流就开始形成,最大速度为 13.46km/s。聚能射流形成区域中的最大单位内能值减小了,为 $12.38(km/s)^2$,也就是说,单位能量峰值较前面所研究的射孔中的峰值几乎减小了一个数量级,见图 3.78。

　　起爆 12.4μs 时,射流杆体部分上的能量峰值消失了,$11.89(km/s)^2$ 的射流头部的能量平缓降低到 $2.3(km/s)^2$,见图 3.79。

　　应当注意到聚能射流的强化拉伸,即聚能射流由于其头部变粗而产生附加拉伸。

　　以超聚能方式形成聚能射流时:聚能射流得到了大部分能量。仔细观察射流对称轴线的单位内能曲线图,在曲线图上杆体变粗部分有一个峰值,在峰值之

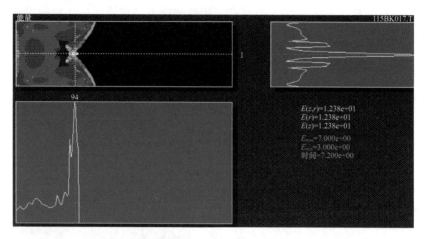

图 3.78　起爆 7.2μs 时爆炸材料流和单位能量曲线图(所示云图为
3～7(km/s)² 范围内的等单位内能线)

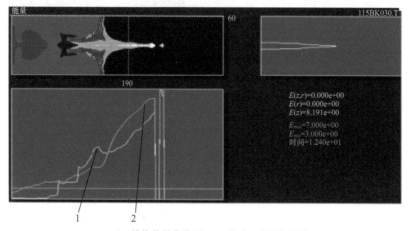

1—单位能量曲线图；2—速度v_z分量曲线图。

图 3.79　起爆 12.4μs 时爆炸材料流和沿对称轴的单位能量曲线图及速度轴向
分量曲线图(3～7(km/s)² 范围内的等单位内能线分布图)

后,杵体直径急剧减小。这就证明峰值处为药型罩压垮角等于 180°的沿对称轴
压垮。

　　与上述计算实例相同,分析 15.6μs 时单位内能沿对称轴的分布。可得出结
论:在杵体部分没有单位能量大峰值。单位内能最大峰值是与形成杵体时从传
统聚能方式到超聚能方式的过渡相关的。当主药型罩材料主要用于形成高速射
流时,在压垮角达到 180°时就会出现这种现象。在这个图上还给出了能量沿聚

能射流对称轴线分布的 $4.439 \sim 5 \, (\mathrm{km/s})^2$ 范围内等单位能量水平线。对称轴上单位能量最小值为 $5.07 \, (\mathrm{km/s})^2$，而在距对称轴为 $0.5\mathrm{mm}$ 的横向距离上单位能量最小值为 $4.439 \, (\mathrm{km/s})^2$。具有这些参数的能量集中在聚能射流的整个对称轴附近，大部分在射流的头部。杵体单位能量有些升高。紧贴杵体表面的辅助药型罩材料同样具有高的能量值。聚能射流最大速度为 $13.27\mathrm{km/s}$，见图 3.80。

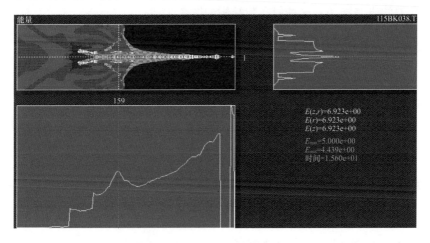

图 3.80　起爆 $15.6\mu\mathrm{s}$ 时爆炸材料流和单位能量曲线图($4.439 \sim 5 \, (\mathrm{km/s})^2$
范围内的单位内能等水平线分布图)

因此，这个过程与上一个射孔弹一致。聚能射流持续形成，而且部分射流已经超出计算场边界。相当大部分能量都集中在杵体表面上的辅助药型罩材料中。如图 3.81 所示为 $4.439 \sim 5 \, (\mathrm{km/s})^2$ 范围内的等单位能量水平线。

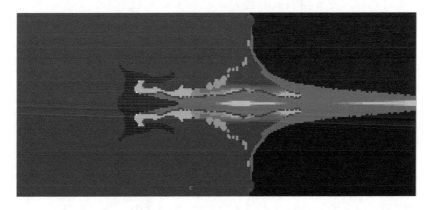

图 3.81　起爆 $20.8\mu\mathrm{s}$ 时爆炸材料流($4.439 \sim 5 \, (\mathrm{km/s})^2$ 范围内的
单位内能等水平线分布图)

根据射流形成方式,在带有并串联药型罩的聚能射孔弹中既可形成单位内能大的聚能射流,也可形成单位内能小的聚能射流。

在研究对大密度主药型罩材料的计算结果前,先研究普通的射孔弹中所形成的聚能射流中单位内能的分布。

分析没有传统聚能阶段,从聚能射流形成最开始起就实现超聚能方式的聚能射孔弹的研究结果。这种射孔弹结构如图 3.82 所示。

1—炸药药柱;2—有机玻璃防护环;3—组合式钢波形控制器中心部分;
4—组合式钛波形控制器外围部分;5—铝药型罩。

图 3.82　装药结构图

这是一个直径为 80mm,带有锥角为 60/86°,顶部直径为 34mm 铝药型罩,外围部分用钛制作而中心部分用钢制作,带有锥形表面形状的组合式波形控制器的聚能射孔弹。波形控制器的最大直径为 36mm,钛部分波形控制器的最小直径为 12mm。沿对称轴的钢部分波形控制器的厚度为 9mm。波形控制器用厚度为 2mm 和直径为 36mm 的有机玻璃从炸药药柱一端防护。炸药采用密度为 1.75g/cm³ 黑索今,射孔弹带有能形成平面波阵面爆轰波的起爆管。

如图 3.83 所示为起爆 14.8μs 时组合式波形控制器和药型罩的材料流及单位内能沿对称轴的分布。标出了 4.85~5.13(km/s)² 范围内的单位内能等水平线。聚能射流处在其形成的最后阶段。

如图 3.83 所示,单位内能值对称轴从射流头部中的最大值平缓减小到杆体末端中的最小值。此外,4.850~5.13(km/s)² 范围内的能量划分与沿射流对称轴线和距射流对称轴线 0.5mm 处能量相一致,它实际上没有触及杆体。

在以相对单一的超聚能方式形成射流时,在杆体中的单位能量最小。

下面研究带有铜主药型罩、铝辅助药型罩、结构和其他参数不变的聚能射孔弹。

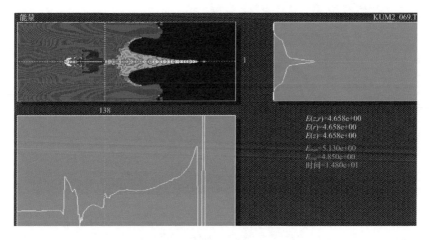

图 3.83　起爆 14.8μs 时爆炸材料流和单位内能曲线图(4.85 ～ 5.13(km/s)^2
范围内的单位内能等水平线分布图)

图 3.84 为带有共用波形控制器和炸药环形爆轰的并串联装置聚能射孔弹结构。波形控制器用铅制作而成,辅助药形罩用铝制作而成,主药型罩用铜制作而成。

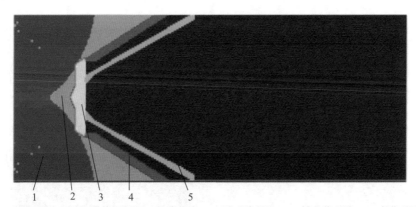

1—环形起爆管,炸药爆轰产物；2—炸药药柱；3—波形控制器；4—辅助药型罩；5—主药型罩。

图 3.84　装药结构图。在引爆后 3.6μs 时刻的流场形状

如图 3.85 所示为射孔弹起爆 7.2μs 时射孔弹材料流的计算结果。所示云图为 2 ～5(km/s)^2 范围内的单位内能等水平线。能量从炸药爆轰产物到辅助药型罩和从辅助药型罩到主药型罩的传输过程可看出,对称轴范围和射孔弹外围部分中的单位内能区域。辅助药型罩与主药型罩相互作用时,将这个能量从辅助药型罩传输到主药型罩。

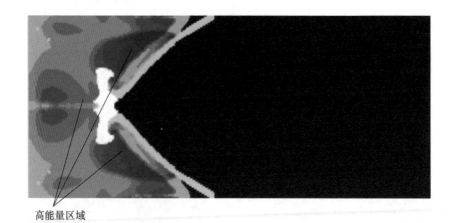

高能量区域

图 3.85 起爆 7.2μs 时爆炸材料流(2~5(km/s)^2 范围内的单位能量等水平线分布图)

起爆 8.8μs 时,主药型罩压垮,形成最大速度为 11.32km/s 的细聚能射流。所有能量实际上完全集中在聚能射流中。单位内能达到 16.4(km/s)^2 的最大值。

这个带有铜主药型罩的射孔弹就形成带有粗杵体的传统聚能射流,见图 3.86。

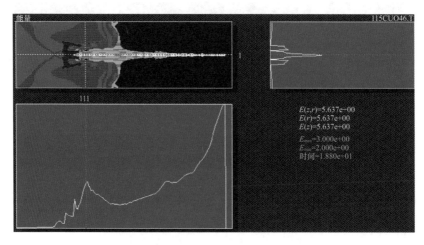

图 3.86 起爆 18.8μs 时爆炸材料流和单位能量曲线图(2~5(km/s)^2
范围内的单位能量等水平线分布图)

对称轴上的最小能量小于辅助药型罩(铝)材料中的能量。在杵体中出现能量值升高。观察聚能射流形成时单位内能级的变化。起爆 23.6μs 时,杵体的能量开始增大。能量沿对称轴的分布具有峰值延伸的形式,也就是说,实际上紧

紧围绕着整个杆体。能量值为 5.425(km/s)²,可接近与聚能射流中的能量值
(6.324(km/s)²)。聚能射流的直径可与杆体的直径接近。材料流动特性从传
统聚能方式过渡到杆体直径(质量)减小和聚能射流增大的超聚能方式,如
图 3.87 所示。

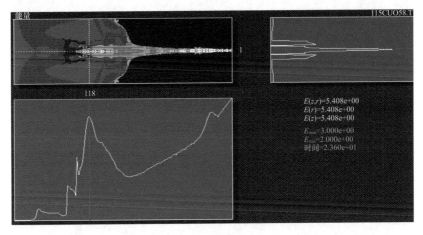

图 3.87　起爆 23.6μs 时波形控制器材料、辅助药型罩材料和主药型罩材料形状
和单位能量的分布(2~3(km/s)² 范围内的单位能量等水平线分布图)

　　从传统聚能方式过渡到超聚能方式的效应可增大聚能射流的长度和质量,
这就会提高聚能爆炸效果。

　　起爆 32.4μs 时,过渡到了超聚能方式。杆体的直径减小,杆体的部分材料
转入到聚能射流中。杆体中大的能量级峰值依然保留。能量级值减小不大,为
5.232(km/s)²。辅助药型罩材料中的能量还保持原来的值,为 2~3(km/s)²。
在聚能射流对称轴线范围内和辅助药形罩材料中保持着 1.7~2(km/s)² 范围的
单位内能级,如图 3.88 所示。

　　起爆 40.4μs 时,杆体中的最大单位内能几乎没有变化,为 5.07(km/s)²(原
来为 5.232(km/s)²),见图 3.89。这个能量的最大值正好与传统射流形成阶段
相吻合。同时,杆体的形状发生了实质性变化。在杆体中依然保留着传统聚能
方式所形成的部分,于是就出现超聚能方式形成的直径减小的杆体,它的能量比
较小。这种聚能射流具有大的穿深。这是先用传统聚能方式,然后用超聚能方
式压垮形成射流的并串联式聚能射孔弹。在辅助药形罩材料中依然存在着高的
内能。射流外辅助药形罩材料的轴向速度分量为 1.5km/s。

　　铜聚能射流的最小速度为 1.9km/s。这个速度完全不仅可以击穿石油岩
石,而且可以击穿钢靶。

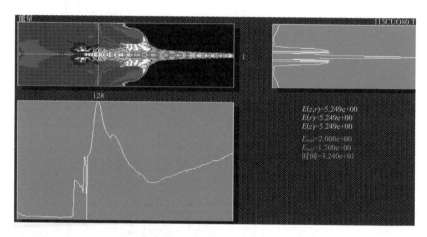

图 3.88　起爆 $32.4\mu s$ 时爆炸材料流和单位能量曲线图（$1.7\sim2(km/s)^2$
范围内的单位能量等水平线分布图）

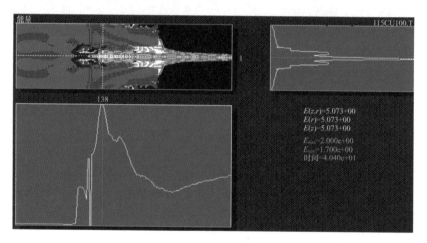

图 3.89　起爆 $40.4\mu s$ 时爆炸材料流和单位能量曲线图（$1.7\sim2(km/s)^2$
范围内的单位能量等水平线分布图）

又经过 $8.8\mu s$ 后，相当部分聚能射流就超出了计算场边界，见图 3.90。在聚能射流形成时占优势的是以超聚能方式形成的射流。与聚能射流衔接的区域中杵体的直径减小严重，有与射流分离的概率。杵体材料中单位内能值减小了，杵体被冷却得不多。这个能量为 $4.914(km/s)^2$。起爆 $49.2\mu s$ 时爆炸流和 $1.7\sim2(km/s)^2$ 范围内单位内能等水平线如图 3.90 所示。

下面研究带有钢主药型罩的聚能射孔弹。由于研制新的改性纯净钢，这个材料具有广阔的应用前景。纯度高的钢密度在铝与铜之间，而它价格最低。射

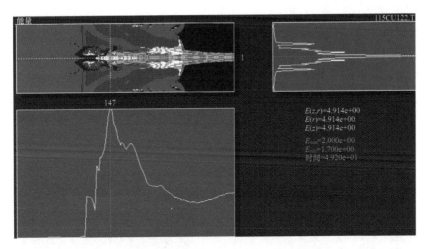

图 3.90　起爆 49.2μs 时刻爆炸材料流和单位能量曲线图(1.7 ~ 2(km/s)²
范围内的单位能量等水平线分布图)

孔弹的几何形状如图 3.84 所示。在射孔弹中变化的只是波形控制器的材料、辅助药型罩和主药型罩的材料。辅助药型罩的材料选用了铝,波形控制器的材料选用了铜,主药型罩的材料选用了钢。

起爆 7.2μs 时,能量从炸药传输给辅助药型罩,再从辅助药型罩传输给主药型罩,见图 3.91。在图 3.91 中同样示出了 2 ~ 3(km/s)² 范围的单位内能等水平线。

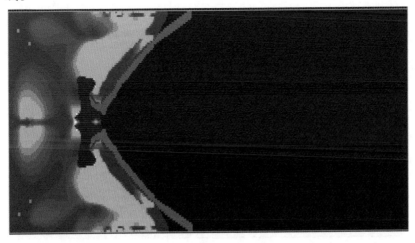

图 3.91　起爆 7.2μs 时爆炸材料流和单位能量分布(2 ~ 3(km/s)²
范围内的单位能量等水平线分布图)

起爆 16.4μs 时,形成带有大直径杆体的传统聚能射流。单位内能沿对称轴的分布是平缓的,单位内能从聚能射流头部到杆体末端单调减小,只是在杆体尾部有,杆体材料与波形控制器材料相互作用时所产生的能量级剧增。单位内能主要部分集中在对称轴线附近,见图 3.92。最大能量级在射流头部段,为 9.124(km/s)^2。

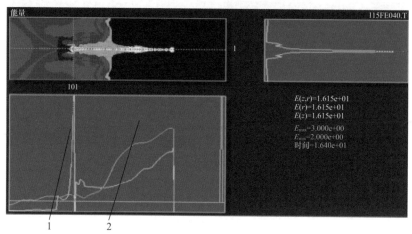

1—单位内能; 2—轴向速度v_z。

图 3.92 起爆 16.4μs 时爆炸材料流、单位能量曲线图和速度轴向分量曲线图
(2~3(km/s)^2 范围内的单位能量等水平线分布图)

聚能射流以传统聚能方式形成,钢杆体的直径大于聚能射流的直径。在单位内能沿对称轴线的分布中出现了能量为 2.959(km/s)^2 的最小值,如图 3.93 所示。

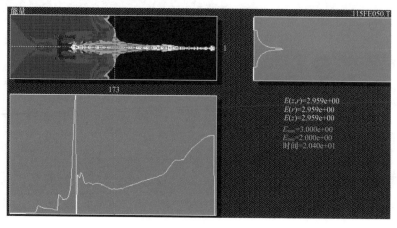

图 3.93 起爆 20.4μs 时爆炸材料流和单位能量曲线图
(2~3(km/s)^2 范围内的单位能量等水平线分布图)

又经过 4μs 后，聚能射流以超聚能方式形成。杆体的直径变得小于聚能射流的直径。聚能射流直径增大，聚能射流的最小速度为 2km/s。最小内能级沿对称轴线减小了，为 2.396(km/s)². 如图 3.94 所示为 1.7～2(km/s)² 范围内的射孔弹中单位内能等水平线分布图。从图 3.94 所示的结果可看出，辅助药型罩材料中包含相当大的能量。

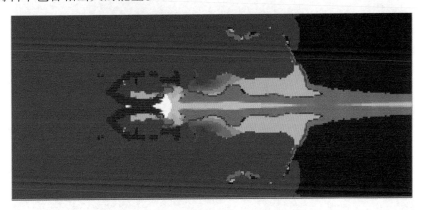

图 3.94 起爆 40μs 时爆炸材料流(1.7～2(km/s)² 范围内的单位能量等水平线分布图)

针对军事技术装备设计研制的聚能射孔弹，以聚能射流的最小速度为破甲能力的判据。例如，对铜射流来说，这个速度为 1～1.5km/s。现研究穿透密度远远小于钢密度的砂所用的聚能射孔弹。在聚能射孔弹出现之前，采用了用枪弹射孔机来对含油岩石射孔。枪弹的速度未必大于 1km/s。因此可将这类射流看作是起初用聚能射流，然后低速度杆体穿透障碍物的组合式穿孔器。当然，如果辅助药型罩材料的直径超过所穿孔的直径，辅助药形罩材料应在穿透障碍物之前就破碎。

我们来研究这样一个射孔弹，在这个射孔弹中，主药型罩采用密度为 16.46g/cm³ 的钽材料。采用钢作为辅助药型罩材料。波形控制器用钨制作而成。射孔弹其余的所有参数和结构与图 3.84 所示的射孔弹中相同。

在这个模型中采用密度高的材料作为主药型罩材料。在这种射孔弹中不可能实现超聚能方式，即使是在聚能射流形成的最后阶段。

起爆 10μs 时，发生了药型罩压垮并开始形成初始速度为 7.8km/s 的聚能射流，见图 3.95。在图上还给出了 0.5～2(km/s)² 范围内射孔弹材料中的单位内能等水平线。主要能量级集中在聚能对称轴附近。

与前面所研究的主药形罩其他材料相比，材料中单位内能级很小。起爆 12.4μs 时，钢辅助药型罩许多部位对钽药型罩都不发生效力，这一点在图 3.96 可明显看到。

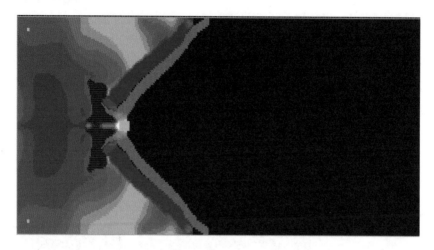

图 3.95　起爆 $10\mu s$ 时爆炸材料流($0.5 \sim 2(km/s)^2$ 范围内的
单位能量等水平线分布图)

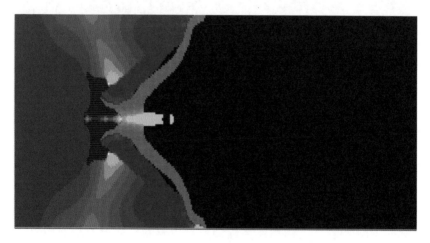

图 3.96　起爆 $12.4\mu s$ 时爆炸材料流($0.5 \sim 2(km/s)^2$ 范围内的
单位内能等水平线分布图)

在 $20.8\mu s$ 时,以传统聚能方式形成聚能射流,见图 3.97。形成大直径的杵体和最大速度为 $5.88km/s$ 的小直径(3mm 左右)聚能射流。但是主药型罩材料对称轴压垮角达到 180°压垮角。钢辅助药型罩被钽药型罩弹回,在辅助药型罩与主药型罩之间留下了不大的真空区域。由辅助药型罩撞击区域突出来的部分,钽药型罩弯曲并独立向对称轴线运动,这是结构的缺陷,使一些粒子脱离。

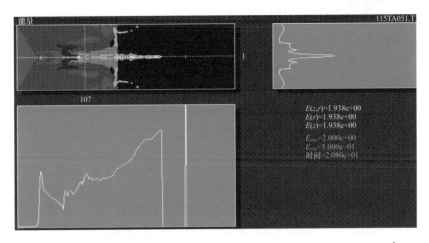

图 3.97　起爆 20.8μs 时爆炸材料流和单位能量曲线图(0.7 ~ 2(km/s)^2
范围内的单位内能等水平线分布图)

由图 3.97 所示的沿对称轴的能量曲线图可看出,接近杵体的末端,单位内能平缓地减小,只是在杵体与波形控制器材料相互作用处才稍微增大。在辅助药型罩材料中含有少量的能量,其值不超过 0.6(km/s)^2。

起爆 22.4μs 时,钽药形罩中压垮角超过 180°,大部分材料开始进入到聚能射流中。

起爆 30.4μs 时,超聚能方式的聚能射流形成。对称轴上主药型罩的压垮角大于 180°,在图 3.98 可以明显看到。在这种情况下,杵体的直径急剧减小,在杵体上出现了凹口,而聚能射流的直径增大了。

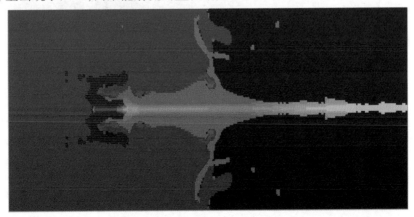

图 3.98　起爆 30.4μs 时爆炸材料流和单位能量的分布(0.5 ~ 2(km/s)^2
范围内的单位内能等水平线分布图)

起爆 43.2μs 时,大部分的聚能射流超出了计算场边界,见图 3.99。射流的杆体部分被分成大直径段和小直径段两段。杆体的第一段是用传统聚能方式形成的,第二段是用超聚能方式形成的。聚能射流直径变得大于超聚能时所形成的杆体直径。

应当指出,这种双杆体,意味着双射流(传统聚能射流和超聚能射流)不仅是在带有并串联装置的射孔弹中,在采用锥角不很大的并处在这种过渡边界上的单个药型罩条件下也可以得到。

如图 3.99 所示为起爆 43.2μs 时的包括波形控制器材料、辅助药型罩材料和主药型罩材料在内的爆炸材料流和单位内能曲线图。从聚能射流头部到其末端,单位内能平缓减小,正如沿对称轴的单位内能曲线图中所示那样,在超聚能流开始形成的位置,具有能量值恒定的段,如图 3.99 所示。在射流的杆体部分中单位内能的分布带有波形特性,平均比聚能射流末端上这个能量的值稍高一些。

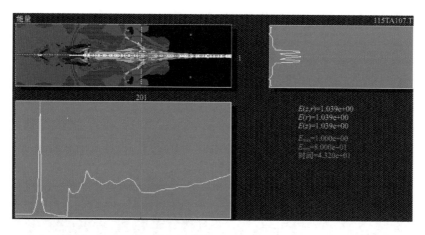

图 3.99　起爆 43.2μs 时爆炸材料流和单位能量曲线图($0.8 \sim 1(km/s)^2$ 范围内的单位能量等水平线分布图)

计算结果表明,存在着传统聚能和超聚能划分,但是,也同时存在于许多聚能射孔弹的结构中,应当合理使用其特点来增大聚能射孔弹在穿透靶板时的效率。

在所研究的射孔弹聚能射流材料中的单位内能随着聚能射流密度的增大而减小。在某些情况下,杆体材料中的能量可能超过聚能射流材料中的能量。为了提高带有并串联装置的聚能射孔弹效率,必须研制将炸药药柱能量传输给主药型罩的最佳方法和装置。

根据对这一节材料的研究,在并串联装置中,可将传统聚能方式和超聚能方式这两种方式结合起来。为了得到对障碍物的最大穿透深度,开始使用细的传统聚能射流,然后使用直径增大的射流并最大利用杆体材料。这是并串联装置-连续装置的独特转换。相同几何形状,不同材料的聚能射孔弹都包含有混合聚能过程形式。除此之外,详细数值计算表明,存在着传统聚能方式-超聚能方式的连续转换。

3.3 关于并串联装置中的辅助药型罩参数

在带有并串联装置和小锥角药型罩的聚能射孔弹中,存在传统聚能方式和超聚能方式两个聚能流阶段。在形成聚能射流时,初始为传统聚能方式,形成粗杆体和细聚能射流。

用来形成传统聚能射流的只是 6% ~20% 的药型罩材料,但是在带有并串联装置的传统聚能方式聚能射孔弹中,由于以超聚能方式工作的杆体较小,聚能射流就开始具有较大质量。这个附加的材料质量进入传统射流形成的流动区并将传统聚能射流拉伸。依靠聚能射流的附加质量,增大了穿透深度。

在并串联装置中能很好将传统聚能和超聚能这两个阶段结合就会在一个射孔弹中形成增大对障碍物穿透力的独特并串联装置。

在传统聚能中涉及细聚能射流,在速度梯度作用下,这种细聚能射流快速和很好地被拉伸,因此具有对障碍物的大穿透深度。最主要的是对射流的快速拉伸提供了聚能射孔弹小炸高的可能性。通常这个距离大约为射孔弹的两倍装药直径,甚至更小。但是所形成的聚能射流质量小,因此穿孔体积也小。粗聚能射流质量等于药型罩质量,它在飞行中利用与传统射流中同样的速度梯度来拉伸,因而,对它的拉伸可能比较缓慢。使用大质量(大直径)的高速聚能射流就有可能保证在岩层中形成网状裂纹,并在岩层油井附近区域中油侵染区域大的条件下保障油井与含矿层的侵彻通道。

在油井射孔时,炸高具有重要意义,因为放置聚能射孔弹的钻探管直径相当小,所以要求射孔弹的弹孔长度大但是直径小,也就是说需要在岩层中形成网状裂纹要小。在形成聚能射流时,可以依靠传统聚能阶段补充射流质量,及利用转入超聚能方式增大对障碍物的穿透。如果需要弹孔的直径大、体积大,那么,可以使用传统聚能射流的形成方式。在这种方式中,聚能射流也许未被完全拉伸,但是可以以相当大的速度破坏含油或含气岩层。

研究直径为 60mm 并带有铜主药型罩和铝辅助药型罩的聚能射孔弹,见图 3.100。辅助药型罩的锥角为 66.4°,顶端的直径为 26mm,底端的直径为

60mm,药型罩的壁厚度为 2.5mm。主药型罩的锥角为 90°,顶端的直径为 16mm,药型罩的壁厚为 0.7mm。辅助药型罩和主药型罩顶端区域罩壁之间的距离为 1mm。波形控制器用钽制作而成,最大直径为 26mm,锥体的直径为 10mm。炸药采用密度为 1.75g/cm³ 的黑索今。炸药采用能形成平面波阵面的起爆管冲击起爆。

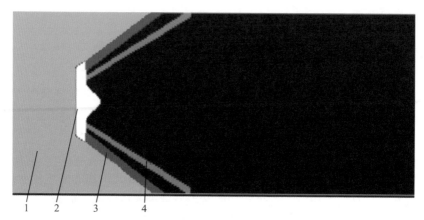

1—炸药药柱; 2—波形控制器; 3—辅助药型罩; 4—主药型罩。

图 3.100　装药结构图

观察在聚能射流形成时传统聚能流到超聚能流的过渡和射流质量的增大。

起爆 14μs 时,出现直径远远小于杆体直径的聚能射流。聚能射流的最大速度为 10km/s 左右。在聚能射流的头部有反向速度梯度。杆体的最小速度为 0.486km/s。所形成的速度梯度将射流拉伸,增大射流的长度。然后聚能射流的最大速度减小,到起爆 20.4μs 时,为 9.936km/s,见图 3.101。主药型罩压垮角超过 180°。药型罩底端的聚能射流质量增大很快,聚能射流的直径变得已略大于杆体的最大直径。到这个时刻,聚能射流的最大直径为 13mm 或者几乎等于聚能射孔弹直径的 22%。

到起爆 28.4μs 时,在聚能射流附近杆体的直径开始减小,杆体质量转入射流。杆体的直径依然是原样的 12mm。所形成的杆体颈部直径为 8mm。这个区域的存在证明超聚能方式替代了传统聚能方式形成射流。聚能射流的最大直径为 11mm,所形成的聚能射流最小速度为 2.478km/s,见图 3.102。

随着时间的推移,杆体上的颈部长度增大并形成直径小于聚能射流最大直径的杆体部分,杆体部分直径为 7mm,而聚能射流的直径为 10mm。聚能射流的最小速度增大了,为 2.628km/s。

起爆 38μs 时,聚能射流形成过程结束,如图 3.103 所示。杆体的最小直径

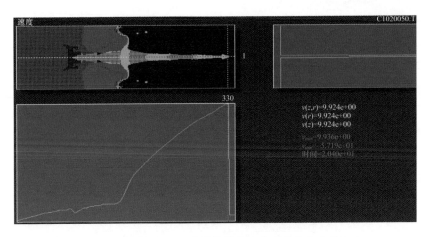

图 3.101 起爆 20.4μs 时爆炸材料流和速度轴向分量(v_z)
曲线图(等轴向速度线分布图)

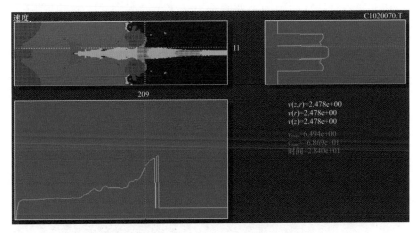

图 3.102 起爆 28.4μs 时爆炸材料流和轴向速度(v_z)
曲线图(所示云图为等轴向速度线)

没有变化,但是杆体在与聚能射流结合之前几乎是圆柱形的。在与杆体交界处的聚能射流表面上的射流最小速度为 2.547km/s。在射流中心速度较高,为 2.671km/s。药型罩口部的聚能射流直径减小,它的最小直径已变成了 7mm。射流杆体部分的速度从 0.787km/s 增加到 2.27km/s。这时,辅助药型罩材料具有相当多的能量——它被加热了,而没有看到它的强化运动。图 3.103 所示云图为 $1.4 \sim 2(km/s)^2$ 范围内的等单位内能线。单位内能最大值出现在主药型罩附近的辅助药型罩材料中和沿药型罩材料残渣后的聚能射流表面。

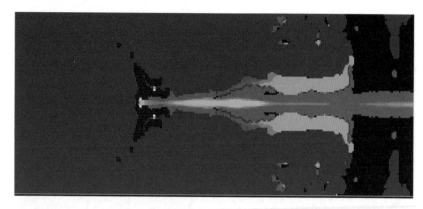

图 3.103　起爆 38μs 时爆炸材料流(所示云图为 1~2(km/s)² 范围的等单位内能线)

我们确定聚能射孔弹的结构,改变辅助药型罩的材料,选取密度小的材料。例如,有机玻璃。有机玻璃是应用广泛的结构材料。有机玻璃的密度为 1.18g/cm³,声速为 2.74km/s。射孔弹的结构图如图 3.100 所示。起爆 20.4μs 时刻爆炸材料和轴向速度曲线图如图 3.104 所示。

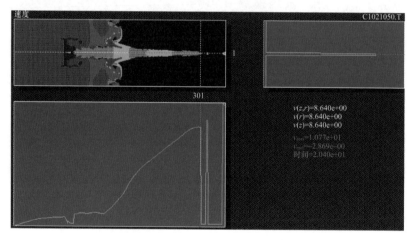

图 3.104　起爆 20.4μs 时刻爆炸材料流和轴向速度(v_z)曲线图

然而,在带有有机玻璃辅助药型罩的结构中,主药型罩材料提前被压垮,在 15.20μs 时压垮角就超过 180°对称轴压垮角。聚能射流的质量增大,而杵体的质量减小。

在上一装药结构中药柱起爆 28.4μs 时杵体直径开始减小,在带有有机玻璃药型罩的结构中,所有的杵体都具有波形表面,且在主药型罩材料残渣的聚能射流底端附近杵体的直径大。部分辅助药型罩材料进入到所形成的聚能射流材料内。辅助药型罩的主要部分与聚能射流表面分离,沿杆体表面以 1.5km/s 的速度在与聚能射流运动方向相对的方向飞行。杆体的最小速度为 0.884km/s。聚能射流的最小速度为 2.42km/s,见图 3.105。

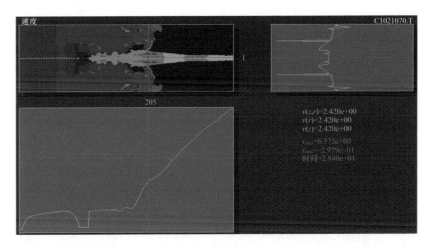

图 3.105　起爆 28.4μs 时爆炸材料流和速度轴向(v_z)曲线图

聚能射流内含有部分辅助药型罩材料是由于主药型罩与辅助药型罩材料碰撞后,在它们的材料超过对称轴 180°压垮角区域所产生的主药型罩表面形状的不稳定性造成的,发生在起爆后 11.2 ~ 15.2μs。采用辅助药型罩材料反向质量梯度就可消除不稳定性。这时相对应传统聚能形成方式,材料以 10.86km/s 的速度与聚能射流头部分离。聚能射流的速度为 8.804km/s,如图 3.106 所示。

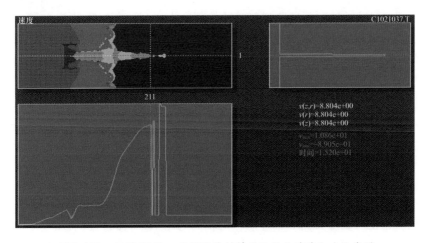

图 3.106　起爆 15.2μs 时刻爆炸材料流和轴向速度(v_z)曲线图

起爆 43.6μs 时,形成了带有三个峰值的杆体,这三个峰值的出现需要进一步研究。在铜射流中有许多有机玻璃碎屑,在某些地方这些碎屑从射流中脱离,辅助药型罩材料因射流而向四面散落。如图 3.107 所示,形成了杆体材料与聚能射流分离的区域。材料分离处的聚能射流速度为 1km/s 左右。辅助药型罩材料实际上完全与主聚能体分离。

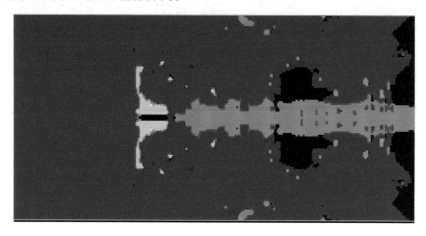

图 3.107　起爆 43.6μs 时爆炸材料流

因此,辅助药型罩材料影响着聚能射流的形成和聚能射流的特性。计算表明,影响最大的是辅助药型罩材料的密度,其次是药型罩的单位质量——厚度和密度之比。

前面研究了带有用小密度材料和中密度材料制作的辅助药型罩问题。现选用大密度材料钛做辅助药型罩材料。钛的密度为 4.51g/cm³,声速为 4.779km/s。主药型罩的材料为铜。装药结构图完全与图 3.100 所示的结构相同。

在起爆 16.4μs 时,出现传统聚能方式形成的射流,杆体的直径大于聚能射流的直径,所形成的聚能射流的速度为 9.161km/s。

材料以 9.464km/s 速度与聚能射流头部脱离。杆体的最大速度为 2km/s 左右,被压缩的主药型罩材料还未越过对称轴 180° 压垮角。大部分主药型罩材料进入到杆体中,如图 3.108 所示。

起爆 20.4μs 时,杆体的最大直径从 11mm 减小到 10mm,而聚能射流的直径增大,射流形成方式过渡到超聚能方式。聚能射流的最大速度为 9.054km/s。由图 3.109 所示的 1~2(km/s)² 范围单位内能等水平线可看出,聚能射流材料被加热。在主药型罩材料和杆体附近的辅助药型罩材料同样被加热。

随着杆体直径的减小,主药型罩材料进入射流的区域,杆体的直径减小到了 7mm,如图 3.110 所示。在这种情况下,聚能射流的最大直径为 11mm。辅助药

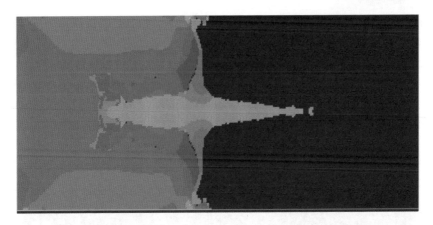

图 3.108　起爆 16.4μs 时爆炸材料流(等径向速度线分布图)

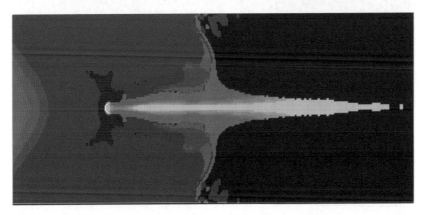

图 3.109　起爆 20.4μs 时爆炸材料流$(1 \sim 2(km/s)^2$ 范围内的等单位能量线分布图)

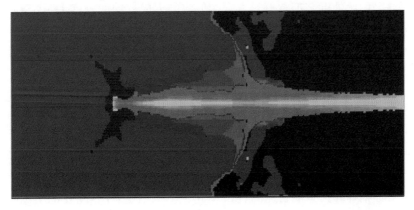

图 3.110　流场的形状(起爆 28μs 时的 $1 \sim 2(km/s)^2$ 范围等单位能量线分布图)

型罩的材料聚集在杵体表面周围,具有最小能量。主药型罩材料加入射流边界上的射流最小速度为 2.28km/s。杵体的最小速度为 0.8563km/s。

起爆 38μs 时,聚能射流形成基本结束,如图 3.111 所示。杵体的直径小于聚能射流直径。辅助药型罩材料完全聚集在杵体表面周围,单位内能稍微增大了。聚能射流的最小速度降低为 2.119km/s。杵体的最小速度同样减小为 0.719km/s。

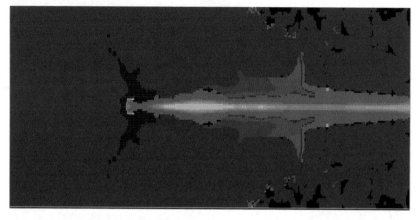

图 3.111　流场的形状(起爆 38μs 时的 1～2(km/s)^2 范围等单位能量线分布图)

在传统过程阶段所形成的杵体直径大于超聚能方式中所形成的杵体直径。比较带有不同密度材料制作的辅助药型罩可得:在钛辅助药型罩材料和药型罩厚度一定的条件下,较之带有较小密度材料辅助药型罩的射孔弹结构更优。

研究采用钢辅助药型罩材料下聚能射流的形成。钢的密度为 7.857g/cm^3,声速为 3.8km/s。射孔弹结构参数依然保持,只是辅助药型罩的材料变化。

如图 3.112 所示为起爆 16.4μs 时的聚能射流形成过程状态。在传统聚能过程阶段上所形成聚能射流最大速度为 7.651km/s。杵体的最小速度为 0.549km/s。

主药型罩在对称轴上的压垮角在 180°附近。在轴向速度分量曲线图上的聚能射流头部中出现了两个最大值。此时,聚能射流中心部分的速度大于其表面上的速度。

起爆 20.4μs 时,形成了大直径的杵体,药型罩的材料开始成 180°以上的角度压垮对称轴,同时,聚能射流的直径开始增大。由图 3.113 所示的单位内能曲线图可以看出,大部分能量集中在聚能射流中。聚能射流的最大速度为 7.607km/s。沿射流的速度梯度较平缓,杵体的最小速度减小不多。

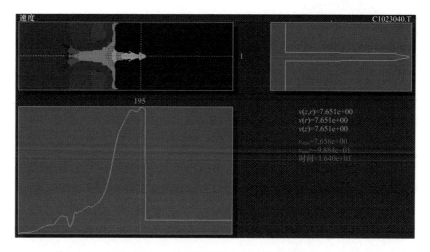

图 3.112　起爆 16.4μs 时爆炸材料流和速度轴向分量(v_z)曲线图

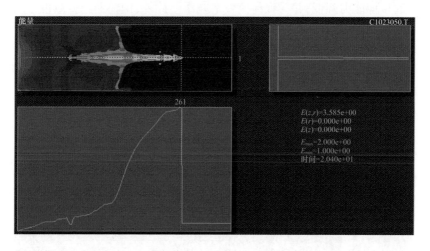

图 3.113　爆炸材料流(所示云图为起爆 20.4(km/s) 时的 $1\sim2(km/s)^2$ 范围内的等能量线
和轴向速度(v_z)曲线图)

　　随着时间的推移,超聚能方式的过渡就使得所形成的杵体直径减小。但是,在这个计算中出现了不同之处:如果在以前的计算中还留下了相当大部分的传统杵体。那么在这个射孔弹中整个杵体直径减小了,如图 3.114 所示。聚能射流依然是被加热。聚能射流的最小速度为 2.203km/s。铜杵体的直径小于聚能射流的直径。

　　起爆 38μs 时刻聚能射流末端附近的杵体直径减小了,射流对称轴线附近的射流材料中的能量也减小了,但是聚能射流的最小速度增大了,为 2.116km/s。

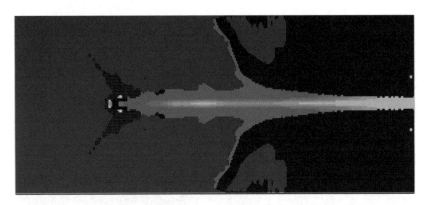

图 3.114 爆炸材料流(所示云图为射孔弹引爆后 28.4μs 时刻的
$1 \sim 2(km/s)^2$ 范围内的等能量线)

计算结果表明,聚能射孔弹的主要参数(射流最大速度)减小。说明,射流随时间的拉伸能力降低,并导致射流效率减小。此外,钢辅助药型罩也可用钢粉末作为辅助药型罩材料。

对于某些情况来说,例如,采用作为超聚能方式来形成聚能射流,每秒数百米速度的附加质量可能增大对含油岩层射孔的体积,但钢辅助药型罩厚度太大。将波形控制器附近辅助药型罩厚度减小到1mm,将药型罩底端水平线范围的厚度减小到2.5mm。所改变的射孔弹形状如图 3.115 所示。

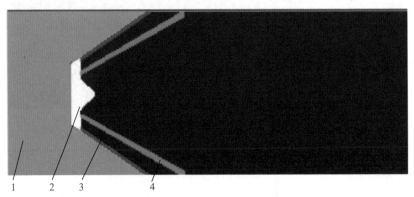

1—炸药药柱;2—波形控制器;3—辅助药型罩;4—主药型罩。

图 3.115 装药结构图

研究这种射孔弹中的聚能射流形成特点。起爆 16.4μs 时,以传统聚能方式形成聚能射流。主药型罩压垮角已超过 180°,如图 3.116 所示,主药型罩材料开始进入聚能射流中。无论是在聚能射流中,还是在表面出现波形特性的辅助药型罩中都出现波传播过程。在一些部位,辅助药型罩的材料被主药型罩材料反向撞击,形成空隙。聚能射流的最大速度被提高,为 8.837km/s,而且出现了速度为 9.620km/s 的部分材料与聚能射流脱离。杆体的最小速度为 0.7km/s。

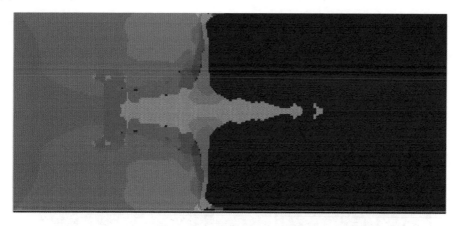

图 3.116　爆炸材料流(所示云图为起爆 16.4μs 时的等径向速度水平线)

从起爆到 20.4μs 时刻,聚能射流的形成方式过渡到超聚能方式,聚能射流直径增大,杆体的直径减小。辅助药型罩材料聚集在杆体上方,而且辅助药型罩材料流的波形特性加强,并影响杆体,在杆体表面上也出现波。射孔弹中 $1\sim2(km/s)^2$ 范围内的单位内能等水平线如图 3.117 所示。在这个射孔弹中,最大单位内能超过 $2(km/s)^2$,在聚能射流头部达到 $5(km/s)^2$ 左右,如图 3.117 所示。辅助药型罩的材料被加热得不严重,它的单位能量不超过 $1.3(km/s)^2$。

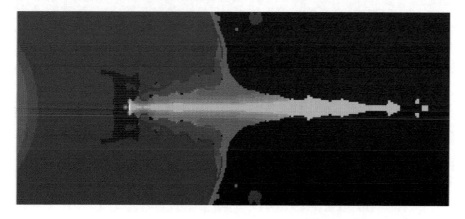

图 3.117　爆炸材料流(所示云图为起爆 20.4μs 时的等径向速度水平线)

从起爆到 28.4μs 时,聚能射流头部超出计算场边界。主药型罩材料(铜)以超聚能方式压垮。杆体的直径变得远远小于聚能射流的直径。辅助药型罩材料聚集到射流杆体部分表面,并被加热。辅助药型罩材料表面上的波依然保留,而杆体表面上的波较为平滑。聚能射流的最小速度为 2km/s 左右,如图 3.118所示。

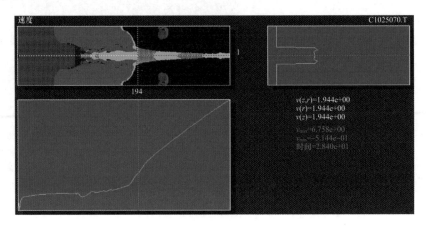

图 3.118 起爆 28.4μs 时刻爆炸材料流和速度轴向分量(v_z)曲线图

从起爆到 36.8μs 时,聚能射流形成过程接近完结,而杆体中还在发生着主药型罩材料与辅助药型罩材料的相互作用。杆体表面上的辅助药型罩材料直径接近聚能射流的最大直径。传统聚能方式所形成的铜杆体聚集成密实体,而与聚能射流相连接的杆体段变细了,如图 3.119 所示。

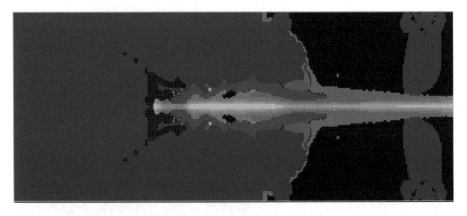

图 3.119 爆炸材料流(所示云图为起爆 36.8μs 时的 $1 \sim 2 (km/s)^2$
范围内的等内能水平线)

聚能射流的形成过程持续进行,如图 3.120 所示。与辅助药型罩材料一起的杵体直径与聚能射流直径相等。

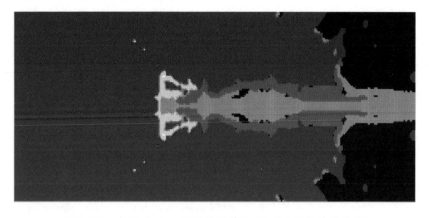

图 3.120　起爆 43.2μs 时爆炸材料流(所示云图为等密度线)

根据所进行的计算,得到了对影响主聚能射流形成的大致因素是辅助药型罩单位质量和气体动力学参数。

参 考 文 献

1. Патент 2412338 Российская Федерация, МПК Е43/117, F42В1/02. Способ и устройство (варианты) формирования высокоскоростных кумулятивных струй для перфорации скважин с глубокими незапестованными каналами и с большим диаметром [Текст]/Минин В. Ф., Минин И. В., Минин О. В.; заявл. 07. 12. 2009; опубл. 20. 02. 2011, Вюл. №5. – 46с.

2. Минин В. Ф. Физика гиперкумуляции и комбинированных кумулятивных зарядов [Текст]/ В. Ф. Минин, И. В. Минин, О. В. Минин //Нефтегазовые технологии – 2011. – N 12 – с. 37 – 44.

3. Минин В. Ф. Физика гиперкумуляции и комбинированных кумулятивных зарядов [Текст]/ В. Ф. Минин, И. В. Минин, О. В. Минин //Нефтегазовые технологии – 2012 – N 1 – с. 13 – 25.

4. Computational fluid dynamics. Technologies and applications [Текст]/Ed. By Igor V. Minin and Oleg V. Minin. Croatia: INTECH – 2011. – 396 p. V. F. Minin, I. V. Minin, O. V. Minin Calculation experiment technology, pp. 3 – 28.

5. Minin V. F. Physics Hypercumulation and Combined Shaped Charges [Текст]/V. F. Minin, O. V. Minin, I. V. Minin //11th Int. Conf. on actual problems of electronic instrument engineering (APEIE) – 30057 Proc. 2rd – 4th October – 2012 – v. 1, NSTU, Novosibirsk – 2012 – p. 32 – 54. IEEE Catalog Number: CFP12471 – PRT ISBN:978 – 1 – 4673 – 2839 – 5.

6. Забабахин Е. И. Явление неограниченной кумуляции [Текст]/Забабахин Е. И., Забабахин И. Е. – М.: Наука, 1988. – 173с.

7. Забабахин Е. И. Ударные волны в слоистых средах [Текст]/Е. И. Забабахин //ЖЭТФ. – 1965. – т. 49. – с. 642 – 647.

8. Козырев А. С. Кумуляция ударных волн в слоистых средах [Текст]/А. С. Козырев, В. Е. Костылев, В. Т. Рязанов В. Т. //ЖЭТФ. – 1969. – Т. 56. – вып. 2. – с. 427 – 429.

9. Альтшулер Л. В. Взрывные лабораторные устройства для исследования сжатия веществ в ударных волнах [Текст]/Л. В. Альтшулер и др. //УФН. – 1996. – т. 166. – N 5. – с. 575 – 581.

10. Лаптев В. И. Увеличение начальной скорости и давления при ударе по неоднородной преграде [Текст]/Лаптев В. И., Тришин Ю. А. //ПМТФ, 1974. – N 6. – с. 128 – 132.

11. Минин В. Ф. О взрыве на поверхности жидкости [Текст]/Минин В. Ф. //Журнал прикладной механики и технической физики, 1964. – N 3. – с. 159 – 161.

第4章　连续作用的串联式装置

采用串联式装置的超聚能射孔弹,可进一步增大对油井空间的射孔效率。因为在射孔时,必须穿透各种不同的障碍物:开始是穿透钢管及其框架,然后是穿透含油岩石。对于直径约为 40~50mm 的射孔弹,不需要炸高的空间,还会产生增大钻孔机效率。研制小型连续作用的串联式钻孔机成为可能。

在钻油井时,有时会出现从钻井中取出淤陷钻探工具的问题。为了取出淤陷钻探工具,在将其取出之前,需要将其预先破坏。因此,采用了如图 4.1 所示的由大直径聚能射孔弹组成的定向爆炸"鱼雷"。这种鱼雷的用途是穿透淤陷钻探工具并将其破坏成可用磁铁或其他已知方法取出的碎块。例如,众所周知的有外径为 122mm 和约 200mm,长度约为 800mm 的定向爆炸鱼雷[1]。

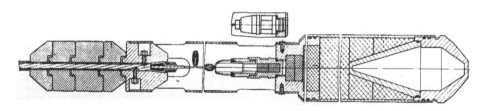

图 4.1　定向聚能爆炸鱼雷

然而,由于传统聚能射孔弹中聚能射流质量很小,仅为药型罩质量 6%~20%,现代鱼雷无法很好地将钻探工具破坏[2]。因此,增大对障碍物径向破坏具有重要意义。如果鱼雷的直径有限,可以增大它的长度。

在将原装药结构改为连续作用的新串联式装置前,应得到在传统聚能基础上制作这种射孔弹的经验并将其作为未来研制的基础。实际上所有国家中都产生过利用串联射流增大穿透深度的设想[3],有许多这类射孔弹的专利,但是,尚无实际应用。

世界上第一个实现总穿深为第一个射孔弹穿深与第二个射孔弹穿深之和的串联结构聚能弹研制的是米宁 B. Ф. 。其研究的射孔弹通过工厂试验和国家试验,结果良好,但是,由于某些原因未被采用。现在,它是国家爆炸物理学发展的重大成果,被载入《21世纪俄罗斯武器和工艺》百科全书[4-5]。由于超聚能的发展,这个弹现在已过时了,但是它的紧凑型结构构造原理可用来研制小型串联式射孔弹。

这种紧凑型结构可用于破坏油井中淤陷,是在超聚能装置基础上的构造串联式装置的实例。

聚能射孔弹通常采用柱形装药。从图4.1中看出。结构中大部分装药都不参与射流的形成。从针对实际应用目的,增大聚能爆炸效应可通过两个途径实现[3]:

(1)采用两个聚能装药串联结构;

(2)增加装药长度。

采用串联聚能装药结构是可行方案。世界所许多国家都开展了相关的研究,给出了许多相同的技术方案。有许多专利都涉及这类组合式聚能射孔弹可能的结构型式。然而,在20世纪90年代之前,俄罗斯联邦国防部部长C. 伊万诺夫主编的《21世纪俄罗斯武器和工艺》百科全书第12卷和许多国际展览会广告材料中所介绍的聚能弹,还未出现组合式聚能射孔弹相关的应用报道[4-5]。

4.1　连续作用组合式传统聚能射孔弹的实际应用实现

在研究用于增大穿透深度的组合式超聚能射孔弹之前,首先研究类似的传统聚能射孔弹的工作。第一个串联式弹是由三个聚能射孔弹构成的用来击毁坦克[5-11]。从这个弹的广告资料(图4.2)以及互联网评述可以看出,它是由带子引信的用于对付反应装甲作用的前置射孔弹、主射孔弹和带有单独引信的辅助射孔弹组成的。文献[5]中所列出的线图表明了这种聚能结构对包括披挂反应式装甲在内的装甲目标的作用。图4.2所示为剖面图,从这个图上可清晰看到其详细构造。从图4.2得出结论:前置射孔弹不是增大穿透深度而是与反应装甲相互作用,引爆反应装甲的。它具有所有独立系统并不影响组合药柱的工作。应当注意,这个聚能射孔弹同样不是按传统方式制作的。为了减小其爆炸对主射孔弹作用的影响,在其内部安置了不会妨碍射孔弹对坦克动态毁伤的惰性衬套。

与军事技术装备相类似,也可在石油天然气工业中制作这种装置来增大对钻井技术装备中淤陷工具的破坏效应。但这就有可能提高取出淤陷工具的经济指标。在炮弹结构中,这种弹的主要目的是穿透装甲。在穿透和破坏工具时,需要在一定穿透深度后获得大的破坏作用。如果这种组合式射孔弹采用超聚能方式,可将能量和所传输给所射流的冲量增大数倍。研制超聚能作用的聚能射孔弹,不仅出现可能将新型串联装置能量作用增大数倍,而且还可能获得增大射孔容积和深度。可研制超聚能微型串联,采用铝和铜(钽)组合药型罩的射孔弹,用于油井壁射孔。辅助的高速铝射孔弹可保障击穿油管的钢壁和钢筋混凝土,给铜或钽射流在石油或气岩石上射孔提供通道,使其在井管壁中形成大直径的穿孔。在研究新结构之前,先分析传统作用原理所研制的串联式射孔弹,借鉴制作串联式装置的经验。

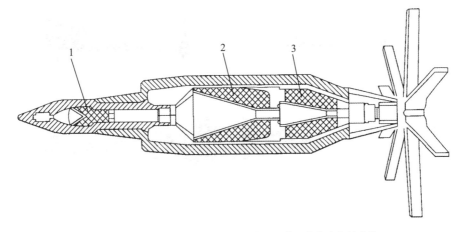

1—前置射孔弹; 2—第一个主聚能射孔弹; 3—第二个主聚能射孔弹。

图 4.2　带有两个主聚能射孔弹串联配置和前置射孔弹的 125mm 尾翼式聚能样弹[11]

4.2　连续作用的组合式聚能射孔弹结构原理

对聚能射流与障碍物的相互作用机理研究不够导致连续作用的聚能射孔弹应用研究停滞。虽然许多国家都研制过这种组合式射孔弹,却都没有得到解决方案。

故而,首先来研究聚能射流与第一个射孔弹所穿成的孔相互作用。

可将这个相互作用分成几个阶段:

1) 靶板中的孔直径大于射流的直径

在这种情况下,弹坑中的聚能射流的运动与管道中射流飞行相同[6]。微元由于管子中心射流微元的稳定,就可大大增大这种聚能射孔弹的炸高。例如,对于外壳直径为 60mm 的射孔弹来说,一般的炸高为两倍弹径,在这个炸高上,射孔弹穿透 240mm 的障碍物。二级射孔弹相当于穿透内径为 12mm 和长度为

250mm 的管子后再侵彻靶板。射流通过所穿透射孔的这个阶段对于串联的聚能射孔弹是有利的。

在管子直径略大于射流直径时,聚能射流微元发生变形。在射流速度与射流材料声速差别很小时,可用管子使射流变形,赋予射流相应的形状。例如,将横截面为圆形的射流变成正方形射流,如图 4.3 所示。这就给设计者提供了根据试验测定射流飞行时射流材料的泊松系数的可能性,如图 4.4 所示。

图 4.3　正方形管中的聚能射流微元运动 X 射线照片

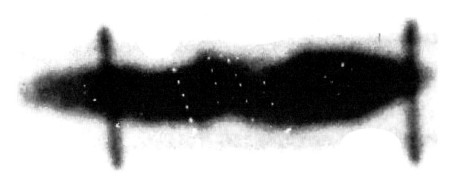

图 4.4　有可能测定射流材料动态泊松系数的聚能射流微元形状

2) 靶板中的孔直径小于射流的直径

在射流所穿透的孔中运动时,射流微元发生变形。射流的部分材料根据流体动力学规律,被加速产生喷管效果。

射流高速微元沿狭窄孔的运动用下列所列出的计算说明。直径为 4.5mm 铜射流以 10km/s 的速度进入带有通道的钢靶中。为了便于比较,列出了两个结构在同一时刻的图。在 $N-1$ 问题中,靶板中的通道比聚能射流直径小 50% ,而在 $N-2$ 问题中通道比聚能射流直径小 12.5% 。

在 1.2μs 时刻,在小直径的通道中,聚能射流的速度从 10km/s 减小到 7.6km/s,而射流头部的速度增大到 12.7km/s(图 4.5)。相同时刻,在大直径的通道中相应的值分别为 8.32km/s 和 12km/s,如图 4.6 所示。

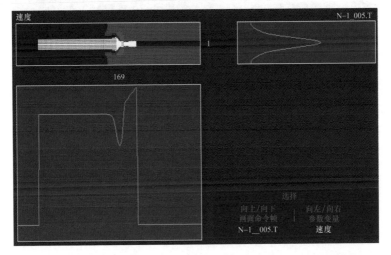

图 4.5　在 1.2μs 时的聚能射流沿直径比聚能射流直径小 50% 的通道的运动
（轴向速度沿射流对称轴线的分布图）

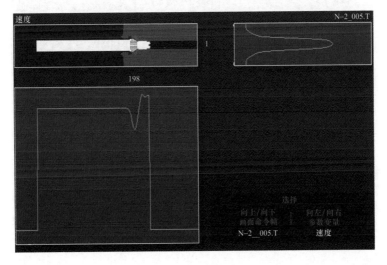

图 4.6　在 1.2μs 时的聚能射流沿直径比聚能射流直径小 12.5% 的通道的运动
（轴向速度沿射流对称轴线的分布图）

在 2.2μs 时刻(图 4.7、图 4.8)类似的关系曲线如图 4.7 和图 4.8 所示，3.2μs 时刻类似的关系曲线如图 4.9 和图 4.10 所示。

轴向速度的变化，对于带有小孔的通道来说相应为 8.87km/s 和 12.5km/s，对于带有大孔的通道来说相应为 7.97km/s 和 11.55km/s(2.2μs)。

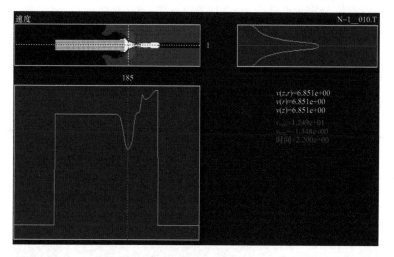

图 4.7　在 2.2μs 时的聚能射流沿直径比聚能射流直径小 50% 的通道的运动
(轴向速度沿射流对称轴线的分布图)

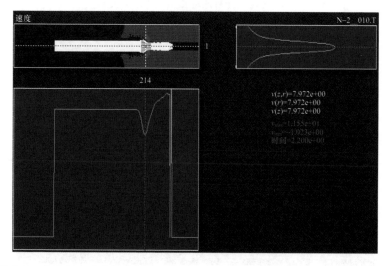

图 4.8　在 2.2μs 时的聚能射流沿直径比聚能射流直径小 12.5% 的通道的运动
(所示云图为轴向速度沿射流对称轴线的分布)

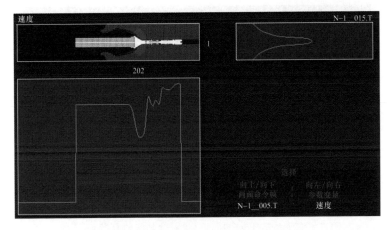

图 4.9　在 3.2μs 时的聚能射流沿直径比聚能射流直径小 50% 的通道的运动
（所示云图为轴向速度沿射流对称轴线的分布）

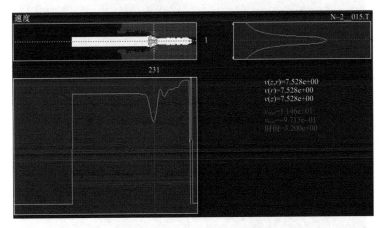

图 4.10　在 3.2μs 时的聚能射流沿直径比聚能射流直径小 12.5% 的通道的运动
（所示云图为轴向速度沿射流对称轴线的分布）

　　从上面所示的图可以看到，沿聚能射流的速度分布具有振荡特性。沿聚能射流的密度和压力也具有类似的关系曲线，如图 4.11、图 4.12 所示。

　　得出结论：尽管障碍物中有预先设置的孔，但穿透和没有孔一样。实际上穿透机理与射流穿透密实金属不同，因为相当大部分的能量是与聚能射流部分材料沿通道通过相关的（见图 4.13 能量曲线图）。在这个阶段，第二个射流没有增加侵彻深度。在进一步减小靶板中的孔时这种情形更加加重。实际上，射流重新穿透第一个射流已穿透的靶板。

　　在两个射流通过之间存在的空气可能进入第一个弹坑中，这些空气使得第

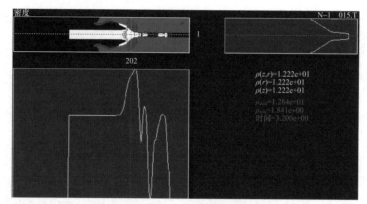

图 4.11　在 3.2μs 时的聚能射流沿直径比聚能射流直径小 50% 的通道的运动
（所示云图为密度沿射流对称轴线的分布）

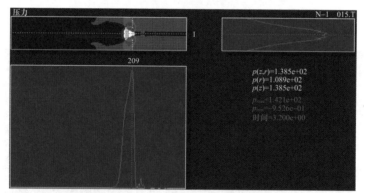

图 4.12　在 3.2μs 时的聚能射流沿直径比聚能射流直径小 50% 的通道的运动
（所示云图为压力沿射流对称轴线的分布）

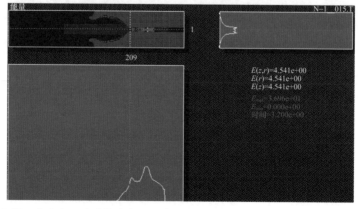

图 4.13　在 3.2μs 时的聚能射流沿直径比聚能射流直径小 50% 的通道的运动
（所示云图为单位内能沿射流对称轴线的分布）

二个射流穿透更加复杂。

也存在有与实弹坑粗糙内表面所引起的附加损失。

因此,只有在第一个射流的弹坑直径大于第二个射流直径时,第二个射流穿透靶板才没有能量损失。射流的飞行稳定,有效炸高增大。

4.3　连续作用的组合式聚能射孔弹中第一个射孔弹的要求

如果第一个聚能射流所穿透的孔大于第二个聚能射流的直径,那么,第二个聚能射流对靶板的穿透深度就与第一个聚能射流所穿透的孔深度相加。

由此对第一个射孔弹的要求:它应形成最小直径大于第二个聚能射流穿孔最大直径的孔。并且第一个孔形状应接近圆形。

这种串联射孔弹的弹坑形状应与第一个射孔弹所形成的弹坑形状相同。实际上,在常规材料中,铜聚能射流穿透深度是最大的,唯一不足就是材料声速小,没有可能形成高速聚能射流。这个问题可以通过超聚能作用的聚能射流来解决。目前常用的药型罩材料就是钢和铝。铝密度小,但工艺性高,价格相对低。射孔弹的大规模生产对于石油开采工业来说是重要的。

铝对障碍物的穿透深度也可能相当大,接近铜射孔弹对障碍物的穿透深度。使用超聚能方式,形成所需参数的聚能射流就可实现这一点。

4.4　对主聚能射孔弹的要求

将第二级聚能射孔弹称为主聚能射孔弹。这个射孔弹用高密度金属,一般用铜制作,因此,它形成射孔的深度最大。射孔直径取决于聚能射流速度和微元质量。考虑到与速度的平方关系,射流的速度应小于辅助药形罩射流微元的速度。考虑到传统聚能射流最大速度取决于药型罩的材料、声速和密度,那么,这种串联式射孔弹应带有各种不同材料制作的药型罩。

速度的连续性是串联式装置的基本原则。可将这种串联式装置称为"连续式"串联装置,因为第一个射孔弹的聚能射流结束时的速度高于或等于第二个主射孔弹的射流初始速度。聚能射流的速度从开始到组合聚能射流结束时都在不断减小。

采用能形成聚能射流高速段作为第一个射孔弹是合理的。在这种情况下,制作组合式串联聚能射孔弹相关难题被解决。同时,第一个和第二个射孔弹之间的爆轰延迟时间很小,或者是零。炸药药柱之间的爆轰传输系统得到简化,与实用设计相关的其他问题也得到简化。与带单独聚能射孔弹工作时间相比,串联结构的工作时间实际上基本没有增加。

在某些情况下,这是很重要的。例如,如果聚能射孔弹工作时间长,在完全穿透障碍物之前,连续串联式射孔弹的结构可能就被破坏。连续串联式射孔弹中的结构在短作用时间下不会使串联结构破甲在障碍物附近破坏。连续串联式聚能装置的原理是设计者们首次研制出的,并根据其制作了样机。

4.5 对多组元延迟系统串联式聚能射孔弹的试验优化

串联式聚能射孔弹是在多组元延迟系统基础上首次应用的,在对串联式装置优化时依据速度连续性原理采用带铝药型罩的聚能射孔弹作为第一个射孔弹,而将带有铜药型罩的聚能射孔弹作为主射孔弹。

如图 4.14 所示为连续作用串联式射孔弹的其中一个方案。这种串联式射孔弹米宁 B. Φ. 在 1975 年末完成,钢靶穿透深度为 7.4 倍结构外径。这表明,可以将两个聚能射孔弹穿透深度相加。这个射孔弹含有 3mm 等壁厚铝合金衬套的辅助高速射孔弹(1)。在底部药型罩有一个用钢塞子(2)堵塞的孔。锥体的半锥角为 10.5°。射孔弹装填有 50/50 黑索今/梯恩梯类型的炸药(3),炸药位于厚度 1.2mm 厚的铝外壳(4)中。延迟杆体铝射流隔断部件由壁厚 1.5mm 的钢锥形零件(5)组成,在这个部件上有 3 个每个厚度为 10mm 的阻截介质(6),用厚度为 20mm 冲击波阵面的 50/50 黑索今/梯恩梯熔合炸药层分开的环形结构(7)。隔断装置用内径为 10mm、壁厚为 1.5mm 和长度为 15mm 的锥形零件的圆筒部分形状制作(8),它与内半锥角为 18° 和外半锥角为 24° 的主射孔弹铜衬套连接。射孔弹也位于壁厚度为 1.2mm 的铝合金外壳中并用浇注方法装填有 50/50 黑索今/梯恩梯类型的炸药(9)。阻截装置由体积相同的铜压制粉末和塑料粉末的人工介质组成。延迟环压制到 $4.5 \sim 5 \mathrm{g/cm^3}$ 的密度,这就说明有第三种组分(空气)的存在。延迟环厚度为 10mm。

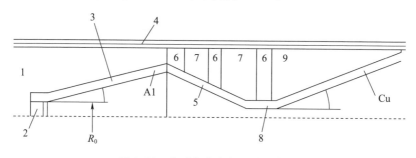

图 4.14 串联式聚能射孔弹示意图

众所周知,在组分的介质中声速可能异常得小[7]:

$$\tilde{n}^2 = \frac{\left\{\alpha_1\left(\frac{p}{p_0}\right)^{-\chi_1} + \alpha_2\left[\frac{k_2(p-p_0)}{\rho_2 c_2^2} + 1\right]^{\chi_2} + \alpha_3\left[\frac{k_3(p-p_0)}{\rho_3 c_3^2} + 1\right]^{-\chi_3}\right\}^2}{\rho_0\left\{\frac{\alpha_1}{\rho_1 c_1^2}\left(\frac{p}{p_0}\right)^{-\gamma_1} + \frac{\alpha_2}{\rho_2 c_2^2}\left[\frac{k_2(p-p_0)}{\rho_2 c_2^2} + 1\right]^{-\gamma_2} + \frac{\alpha_3}{\rho_3 c_3^2}\left[\frac{k_3(p-p_0)}{\rho_3 c_3^2} + 1\right]^{-\gamma_3}\right\}}$$

式中:$\alpha_1,\alpha_2,\alpha_3$ 为在该情况下介质中铜粉末、聚乙烯醇缩丁醛或其他塑料粉末和空气的体积含量;ρ_1,ρ_2,ρ_3 为组分的密度;c_1,c_2,c_3 为在 $p=p_0$ 条件下这些组分中的相应声速;k_1,k_2,k_3 为组分的等熵线指数。

$\chi_1 = 1/k_1,\chi_2 = 1/k_2,\chi_3 = 1/k_3,\gamma_1 = (1+k_1)/k_1,\gamma_2 = (1+k_2)/k_2,\gamma_3 = (1+k_3)/k_3$
在 $p=p_0$ 条件下,介质的密度为

$$\rho_0 = \alpha_1\rho_1 + \alpha_2\rho_2 + \alpha_3\rho_3$$

必须指出,冲击波在多组分介质通过时,波阵面中热力学平衡被破坏。热力学平衡的稳定时间取决于多组分混合物中粒子的尺寸,并随着粒子的尺寸增大而增大。此外,在其里面发生热力学平衡稳定过程的冲击波阵面宽度增大。因此,所列出的公式也许仅对于组分磨碎得很好的可认为介质是密实的,并有稳定介质热力学平衡的可能性。反之,介质可用来以很长的热力学平衡稳定时间延迟爆轰。

以由铜粉末、塑料粉末和空气组成的多组分介质为基础的延迟装置的工作过程 X 射线照片如图 4.15 所示。

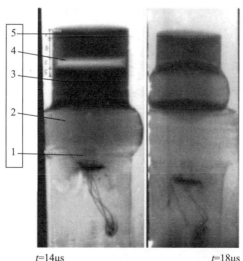

$t=14\mu s$ $t=18\mu s$

1—起爆管; 2—炸药; 3—带有有机物的铜粉末; 4—炸药; 5—带有有机物的铜粉末。

图 4.15 爆轰波通过层状系统的传播过程 X 射线照片

装填好的连续作用串联式射孔弹各组成部分被放置在厚度为 1.2mm 的铝合金外壳中。连续作用的串联式射孔弹总长度为 270mm。射孔弹放置在靶板上,距离 100mm。对用直径为 90mm 圆柱形式制作的钢靶总穿透深度为438mm。靶板的上部如图 4.16 所示。

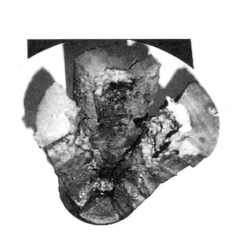

(a) 圆柱靶板侵彻俯视图　　　　　　　(b) 圆柱靶板侵彻侧视图

图 4.16　圆柱靶板侵彻俯视图和侧视图

在图 4.16(b)上可清晰看到靶板中的第二级主射孔弹的铜杵体。

起爆 14μs、20μs、25μs、33μs 和 41μs 时的 X 射线照片,如图 4.17 ~ 图 4.21所示。在这些图上可看到带有稳定爆轰波阵面和冲击波阵面的延迟装置的工作、第一级聚能射流通过组合式聚能射孔弹所有系统、主射孔弹的爆轰和工作以及射流与靶板的相互作用。

爆轰从第一个射孔弹到第二个射孔弹的传输。在第二个射孔弹内的铝聚能射流。

爆轰通过层状系统的传输。第一个铝射孔弹聚能射流隔断开始。

主射孔弹爆轰过程和铜聚能射流的形成以及射流与靶板的相互作用。

这个试验只是表明在将速度连续性原理作为串联式射孔弹的基础条件下,实现带有所有规定部件的普通连续作用串联式射孔弹的可能性。在这种射孔弹中首次出现了穿透深度的相加,因而,穿透了 7.4 倍外壳直径。

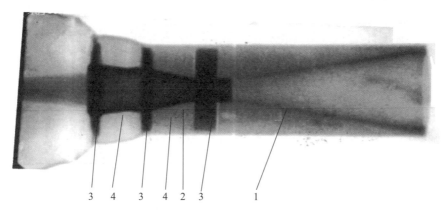

3　4　3　4　2　3　　1

1—铜药型罩；2—锥形金属截弹器；3—铜粉末和塑料的混合物；
4—延迟装置和截断装置的炸药。

图 4.17　在 14μs 时的串联式装置第一级工作的 X 射线照片

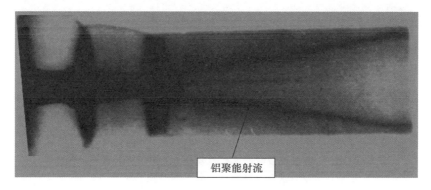

铝聚能射流

图 4.18　在 20μs 时的串联式聚能射孔弹工作的 X 射线照片

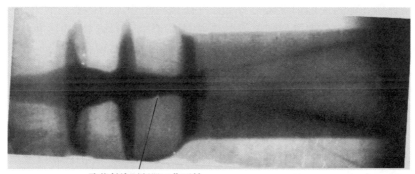

聚能射流隔断器工作开始

图 4.19　在 25μs 时的串联式聚能射孔弹工作的 X 射线照片

靶标

图 4.20 在 33μs 时的串联式聚能射孔弹工作的 X 射线照片

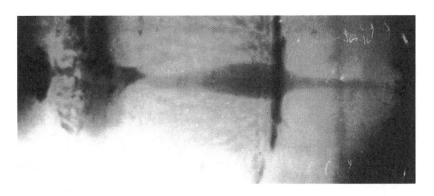

图 4.21 在 41μs 时的串联式聚能射孔弹主级铜聚能射流的形成过程
结束和击穿靶板时的 X 射线照片

然而,在这种配置图中有实用性的不足。辅助装置(如,带有延迟系统,第一个高速射孔弹的聚能射流隔断系统)占据结构相当大的体积。此外,在这个结构中采用小锥角药型罩的铜聚能射孔弹同样可增大整体结构的长度。虽然如此,射孔弹的这种结构可用来根据传统聚能原理制作相应直径的鱼雷,同时根据它的特点改为超聚能原理。这种结构的优点是简单且可靠好。

4.6 串联射孔弹作用原理

在文献中带有截面的聚能弹照片的出现[5,11],根据文献中结构选取尺寸(图 4.22),借助数值计算观察在这个结构的作用机理。

研制聚能弹时主要的问题是串联式射孔弹长度有限。因此,应将这个原型看作是可在石油天然气开采爆炸装置使用的类似结构的极限情况。

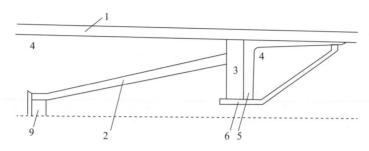

图 4.22 根据商品广告说明书绘制的连续作用的串联式射孔弹结构草图[5]

说明书所介绍的连续作用串联式射孔弹是最紧凑的方案,如图 4.22 所示。为了方便,将这个图转换为标明主要部件的草图,如图 4.22 所示。这个弹有由两个铅零件构成的重外壳(1),在这个外壳中有炸药(4)和铝合金衬套(2)用钢塞(9)堵塞,主射孔弹带有具有轴向通道的铜药型罩(6),在轴向通道上有放置在高密度外壳内并底部加厚的绝缘材料(5)。底部(5)用螺纹(6)固定在外壳中,底部用厚度 1mm 的凸边顶在第一级的外壳壁上。在这个外壳与第一级衬套之间配置有延迟层(3)。内壳嵌入结构的主壳内,用以保障装填和装配工艺。轴向通道与外壳底部(5)一起实施对第一个高速射流隔断。

在选择具有大大超过主射孔弹最大初始速度的聚能射流高速度的第一个射孔弹的条件下,连续作用的串联式射孔弹就已经可以正常工作了。对结构的极限压缩无疑影响到结构的功能。因此,它不可能是研制新设计方案时的完全原型。

4.6.1 延迟系统

根据连续射流形成原理研制出的串联聚能射孔弹,可设或不设延迟第二个射孔弹爆轰的专门装置。

研究在两级之间没有专门延迟装置的组合式射孔弹。装药结构图如图 4.23 所示。

由于对射孔弹中物体数量、计算场大小和其他参数的计算限制,被迫改变结构,其中包括用平面爆轰波代替点式爆轰。

爆轰波到达钢板 5 时的组合式射孔弹形状如图 4.24 所示。铝聚能射流的速度为 14.3～15km/s。碎块材料与聚能射流头部分离了。

第一药型罩的几何形状选择的不成功。聚能射流的速度矢量有反向梯度。但是,增大药型罩的锥角后,就很容易修正。考虑到在这种情况下,我们感兴趣的不是各级的精确工作,而只是结构各部分的相互作用。

在铝药型罩(2)接近铜管(6)时刻,冲击波通过了钢板(5),并使第二级炸

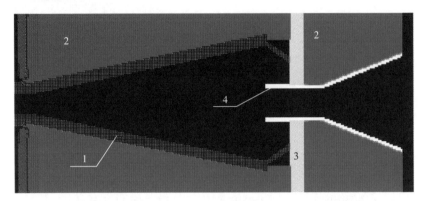

2—铝药型罩；2—炸药；3—弹体的钢板；4—铜管和第二级药型罩。

图 4.23　装药结构图

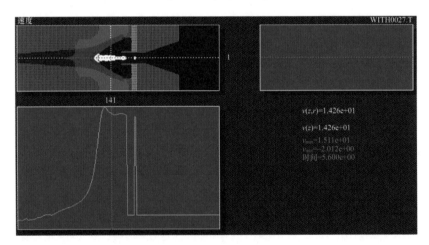

图 4.24　起爆 5.6μs 时药型罩材料流和速度 z 曲线图(所示云图为等 z 方向速度线)

药(4)引爆,如图 4.25 所示。

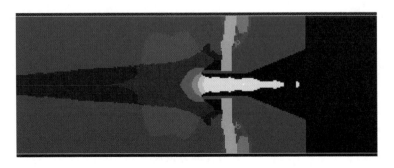

图 4.25　串联聚能射孔弹第二级爆轰的传输

此后,管子(6)与铝药型罩(2)射流和杆体连接区域发生了相互作用。管子(6)材料与铝药型罩(2)的低速部分发生碰撞,使这个区域出现冲击波相互作用的复杂情形。这个时刻如图 4.26 所示。

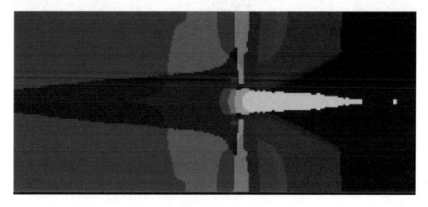

图 4.26　隔断器与聚能射流相互作用开始

在爆轰波接近第二级铜药型罩顶部时刻,沿铝聚能射流的速度分布有无梯度特性。这个时刻如图 4.27 所示。

沿铝聚能射流对称轴线 z 方向速度最大速度为 14.7km/s 左右。在聚能射流隔断开始时聚能射流末端的材料速度为 9.766km/s。

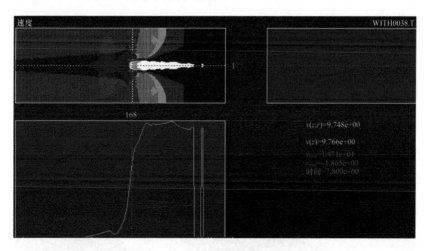

图 4.27　起爆 7.8μs 时的药型罩材料流和速度 v_z 曲线图

然后铜管-隔断器(6)压垮在对称轴上,这就导致出现沿射流的压缩梯度和隔断射流。这个时刻如图 4.28 所示。

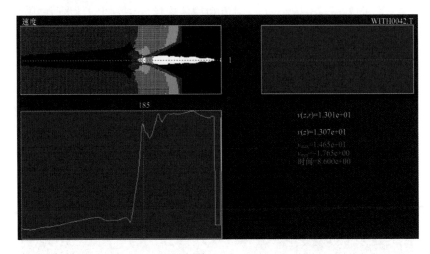

图 4.28　爆炸材料流和隔断器工作,起爆 8.6μs 时的轴向速度曲线图

沿聚能射流对称轴线的 v_z 值为 1.5～2km/s。钢底部也对杵体射流有隔断作用。钢底部阻滞杵体并增大拉伸的 z 方向速度梯度。

所列出的计算结果表明,在组合式聚能射孔弹的这种配置方式中射孔弹基本上是有工作能力的,为了使结构最佳,必须在隔断杵体铝聚能射流时刻与第二级聚能射流形成开始之间采用短的延迟,当然,也必须增大第一个射孔弹聚能射流的速度梯度。

4.6.2　带延迟装置的连续作用串联聚能射孔弹的工作

研究带有延迟装置的组合式聚能射孔弹的工作。装药结构图如图 4.29 所示。这个结构方式与上面所研究过的结构方式的区别只是有聚氨酯或橡胶制作的小延迟部件。

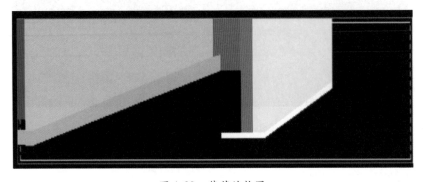

图 4.29　装药结构图

如图 4.30 所示为爆轰波接近延迟部件时刻的材料流形状。

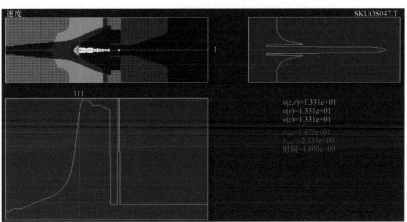

图 4.30　起爆 4.8μs 时聚能射孔弹中材料流和轴向速度曲线图

聚能射流底端的射流材料速度为 13.321km/s。射流沿其对称轴线的速度最大,接近截面边缘的射流速度降低。与射流头部分离的材料速度为 14.73km/s。

到聚氨酯冲击波出现时刻,聚氨酯部分材料开始在对称轴方向被压垮,在这种情况下,正如图 4.31 所示的那样,材料的径向速度为 4.5km/s 左右。

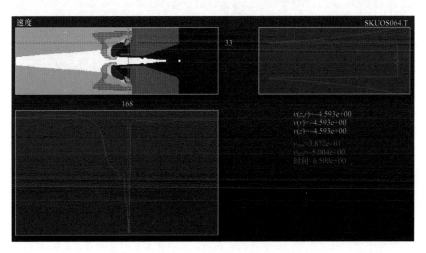

图 4.31　起爆 6.5μs 时聚能射孔弹中的材料流和径向速度 v_z 曲线图

（所示云图为等径向速度线）

在爆轰波接近隔断器管之前,以后的流线图与上面研究的不带延迟部件组合式聚能射孔弹方案差别很小,如图4.32所示。

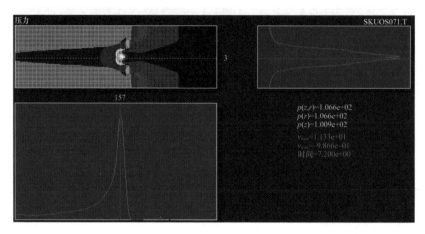

图 4.32   起爆 7.2μs 时聚能射孔弹中的材料流和压力曲线图

由图 4.33~图 4.34 可以看出,在管子(6)压垮后,沿第二个铜射孔弹传播的爆轰波尚未及时到达第二个射孔弹的药型罩顶部。在这个时刻,第二个射流形成开始过程还未开始,而且管子的压垮使聚能射流材料中形成了压缩速度梯度。这个时刻在图 4.28 上清晰可见。

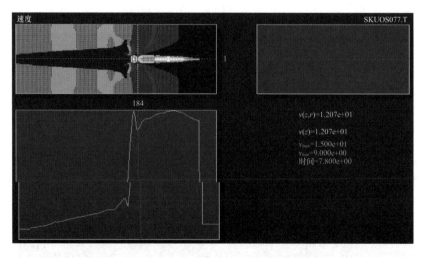

图 4.33   起爆 7.8μs 时聚能射孔弹中的材料流和轴向速度(v_z)曲线图

在这个形状中的轴向速度梯度超过 2.5km/s。射流底端区域中铝聚能射流最小速度为 12km/s。杆体的材料开始与铜管-隔断器相互作用。

到第二个射孔弹铜药型罩压垮和其射流形成开始,沿铝射流的速度梯度增大。这就导致其与射流低速部分的材料分离,如图 4.34 所示。在射流底端区域中的铝聚能射流最小速度增大到 13.3km/s,而在最大速度为 15km/s。

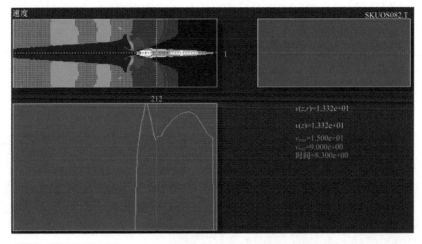

图 4.34　起爆 8.3μs 时串联聚能射孔弹中的材料流和轴向 v_z 速度曲线图

因此,采用足够小的延迟就有可能协调两个组合射孔弹的作用。

可采用多种材料作为延迟部件。通常是使用塑料、橡胶、复合材料,也可使用声速小的金属。图 4.35 所示为带有用铅制作的延迟部件(3)的组合式射孔弹方案。装药结构如图 4.35 所示。

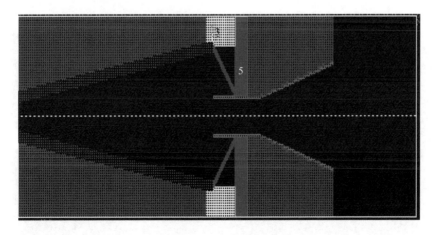

图 4.35　装药结构图

图 4.35 所示的形状板(5)结构用于防止在传到延迟部件上的爆轰波作用下压垮在对称轴线上的延迟部件(3)材料(铅)跌落。

这种聚能射孔弹的功能完全与上面结构相似。但是,在这个射孔弹中,延迟部件的厚度选择比要求的厚度小。这就使得第二级炸药(4)爆轰不仅发生在延迟部件(3)区域(图4.36(a)),而且还发生在管子区域(图4.36(b))。显然,这就会使第二个射孔弹所形成的聚能射流参数发生变化。

这种相互作用是以由铝射孔弹杵体足够高的速度为条件的。由第二个铜药型罩形成射流开始前,对铝射流还进行隔断。

如图4.36(b)所示为等 z 方向速度线。图上的亮度是与 $12 \sim 14.5 \mathrm{km/s}$ 范围内的轴向速度成比例的。沿聚能射流明显看到聚能射流头部和末端两个速度段。

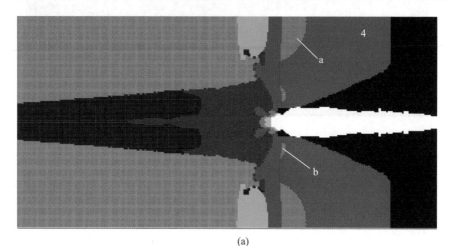

(a)

(b)

图4.36 (a)串联聚能射孔弹第二个射孔弹中爆轰波阵面的形成;
(b)$12 \sim 14.5 \mathrm{km/s}$ 范围内的等轴向速度线

4.6.3 聚能射孔弹之间隔板的影响

在实现串联式射孔弹第二级爆轰所需的延迟时间时,必须考虑到,在结构外壳较厚时,结构的工作可能会失灵。如果外壳和第二个射孔弹的隔板用一个零件连成整体,可能就会出现这种情形。这是由在第一个聚能射孔弹爆炸时膨胀的外壳在隔板中形成的稀疏波所引起。导致压力变得不足以引爆主聚能射孔弹。对于第二个聚能射孔弹采用单独的外壳就不允许稀疏波进入到隔板中,这样就保障主聚能射孔弹的稳定爆轰。

下面列出对带有整体外壳和分离式外壳的两个聚能射孔弹的计算。对带有整体外壳聚能射孔弹的计算结果如图4.37和图4.38所示,而对带有分离式外壳的聚能射孔弹的计算结果如4.39、图4.40所示。

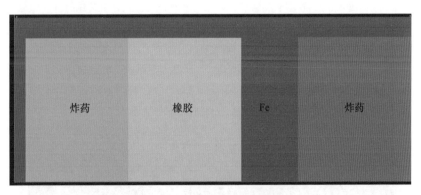

图4.37 整体外壳的装药结构

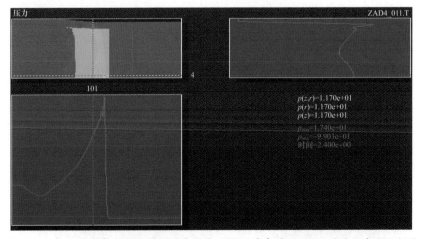

图4.38 在整体外壳的聚能射孔弹中爆轰波接近外壳壁时刻,沿对称轴线和位标器所标明的截面中的压力曲线图

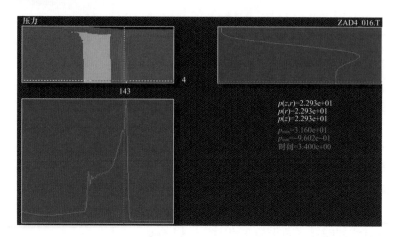

图 4.39　第二个聚能射孔弹炸药中冲击波出现时刻的压力

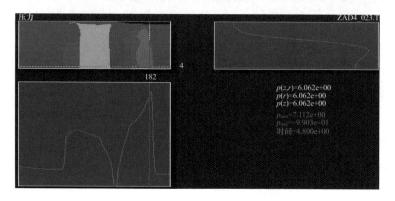

图 4.40　第二个射孔弹爆炸物中的压力。没有爆轰

分离式外壳聚能射孔弹装药结构图如图 4.41 所示,其特点是将钢外壳材料制作成分离式零件。

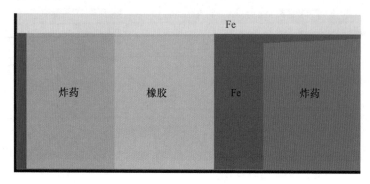

图 4.41　带分开外壳的结构。炸药置放在单独的金属壳体中

如图 4.42 所示为第二个聚能射孔弹发生爆轰。在第二个聚能射孔弹中用蓝颜色表示炸药药柱爆轰产物。

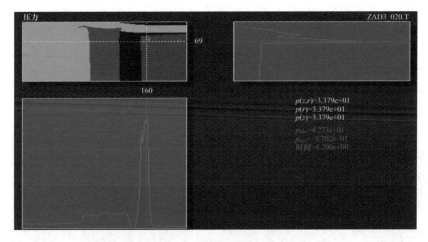

图 4.42 标记点爆轰开始区域中的压力曲线图

由图 4.43 可以清楚看到,在第二种情况下,连续作用的串联式装置第二个聚能射孔弹炸药发生稳定爆轰。后面将详细研究这种结构中环形爆轰的产生。

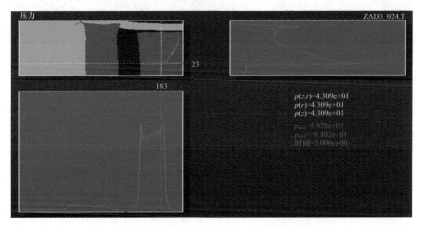

图 4.43 在第二个射孔弹中的爆轰传播,爆轰波阵面中的压力曲线图

4.6.4 对射孔弹的要求

采用现有的并优化好的聚能射孔弹作为主聚能射孔弹是合理的,必须对它们进行改进,包括预留第一个射孔弹聚能射流穿透孔以及射流的隔断。当然,也可研制穿透深度能够比现有射孔弹深的铜或其他材料制作的特种射孔弹。

将厚外壳射孔弹的主射孔弹放置在单独外壳中,将其嵌入辅助射孔外壳中,并固定在衬管底座上。

对第一个穿透障碍物的射孔弹的主要要求是在障碍物中穿孔的入口直径和出口直径大于主射孔弹所穿透孔的入口直径。这就保障主聚能射流无损失地通过。

如图4.44所示为直径60mm,具有半锥角为10°和厚度为3mm的等壁厚铝药型罩,炸药为40/60黑索今/梯恩梯的射孔弹穿孔照片。

图4.44 带铝药型罩的射孔弹所穿透的弹坑外观图

高速聚能射孔弹可配置在主聚能射孔弹的前面,也可配置在它之后。在将辅助聚能射孔弹配置在主聚能射孔弹前面时。二级聚能射流必须穿透辅助射流的杆体。研制没有杆体的聚能射孔可消除这种问题。这种射孔弹早已制作和研究过。

为了结构简单,可使用带有铝药型罩和较高密度金属波形控制器的聚能射孔弹,或者使用复杂波形控制器得到高速聚能射流结构的射孔弹作为第一个聚能射孔弹,也可选用简单的钢波形控制器。射孔弹如图4.45所示。由半活性物质(浸有丙酮炸药溶液或赛璐珞的陶瓷钢)构成的延迟系统与炸药连接,在延迟系统与主射孔弹之间有一个间隙,以便在撞击主射孔弹外壳时延迟物质分解产物的强度足以产生引发主射孔弹环形爆轰的冲击波。主射孔弹外壳的下部是辅助射孔弹聚能射流杆体部分的隔断系统。主聚能射孔弹的药型罩是用铜制作而成。

用平面爆轰波对第一个聚能射孔弹进行爆轰,6μs后由铝药型罩形成有速

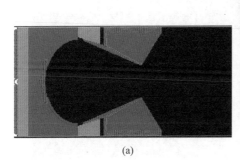
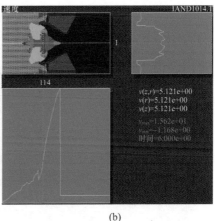

(a)　　　　　　　　　　　　(b)

图 4.45　装药结构图(a)和最大速度为 15.6km/s 的第一个射孔弹聚能射流形成(b)

度梯度的聚能射流,最大速度为 15.6km/s,也形成细杆体。主射孔弹爆轰延迟系统开始工作。如图 4.46 所示为主聚能射孔弹的爆轰。第一个聚能射孔弹的聚能射流被其爆轰产物压缩,进入到自由空间,在速度梯度的作用下被拉伸。起爆 10μs 时,这个过程是比较明显的,如图 4.46(b)所示,在这个图中聚能射流超出主射孔弹的作用范围,而其药型罩改向并接近 180°角度。

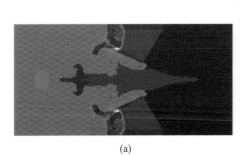
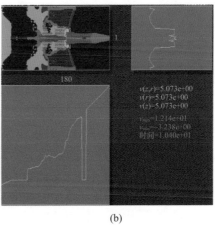

(a)　　　　　　　　　　　　(b)

图 4.46　第一个射孔弹的聚能射流形成(a)和聚能射流通过第二个射孔弹(b)

可惜的是,隔断系统没有起作用,杆体和波形控制器的铝残渣随射流运动。铝聚能射流末端的速度为 5km/s,因此应对这个隔断系统优化。

在 12.4μs 时,这个结构工作过程发展如图 4.47 所示。

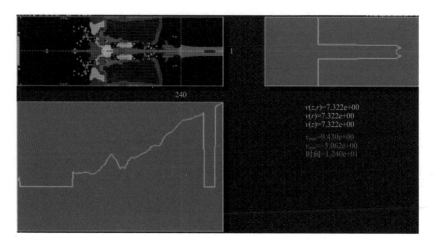

图 4.47 第一个聚能射孔弹的聚能射流形成和低速度射流的隔断过程

主药型罩翻转并接近 180°压垮角。妨碍主药型罩压垮的重波形控制器落在这个区域后面,未形成干扰。可由铝杵体残渣对聚能射流形成干扰。可通过制作相应隔断系统消除。当然,必须优化可内置在这种结构中的有效主聚能射孔弹,它既可以是超聚能的,也可以是按传统聚能方式制作的。

为了增大对障碍物的穿透深度,我们制作过复杂的聚能射孔弹结构。实际上对传统普通聚能射孔弹对障碍物的穿深进行完全算术求和是不可能的。但是采用速度连续性原则来设计可从实质上增大对障碍物的穿透深度,而且这已实现。在我们的研究中,特别是在圆柱形射孔弹中表明,采用超聚能形成方式可超过聚能射流头部最大速度的气体动力学极限并在这个速度下保持射流密度。在带有各向同性药型罩中,气体动力学极限约为 14km/s 的第一个铝射孔弹和第二级各向同性铜药型罩的串联式装置中得到了大约为 7.4 倍射孔弹外壳直径的穿透深度。铝给铜射孔弹穿透深度增加了 2～2.5 倍铜射孔弹外壳直径的深度。

我们制作了增大对靶板穿透深度的串联式装置,使用了比一般使用单个聚能射孔弹多的炸药能量。这个附加能量是从第一个聚能射孔弹所得到的能量。但不一定是使用形成聚能射流的聚能射孔弹形式的附加炸药数量,而是使用可传输给第二个射孔弹用来增其聚能射流速度特性的动能形式的附加炸药数量[8-10]。

将铜射孔弹的聚能射流最大速度从 9～10km/s 增大到 12～14km/s 就会增大穿透深度和入孔的直径,因为出现铜的高密度效应。这也是形式上和实际的串联式装置,但是第一个射孔弹不穿透障碍物,而是保障依靠使用前面未参与单个聚能射孔弹穿透障碍物的炸药能量增大聚能射流的最大速度。如果在实际应用中出现能量大得多的炸药,那么,就可制作出较有效的聚能射孔弹。但是,还可以在这个物质基础上制作新组合式装置。这样一来,组合式聚能射孔也将是可增大穿透深度的崭新类型串联式装置。

圆柱体射孔弹在制作高速射孔弹方面起着重要作用。由于药型罩内半径大,它们仅仅在压垮时保障对称轴线上的最大压力,这个压力以后与附加速度 z 一起保障得到和保持较高的聚能射流材料轴向速度。

复杂波形控制器的能力还未充分发挥。对于像铜这类材料来说,使用复杂波形控制器可从实质上提高聚能射流的最大速度。

现在作为例子,我们来举出证实这一点的计算,如图 4.48 所示。平面爆轰波直接传播到支撑钽主波形控制器的波形控制器铅半球上。药型罩的小直径为 32mm,药型罩的初始厚度为 1.5mm,药型罩的底端直径为 50mm。聚能对称轴上的钽波形控制器的厚度为 5mm,而边缘的厚度为 2mm,波形控制器的直径为 34mm。半球形波形控制器的外径(或者新串联式装置的第一射孔弹)为 16mm,壁厚度为 1mm。这个串联聚能射孔弹的几何形状未优化。铜药型罩锥角很小,局限于射孔弹的直径。如图 4.49 所示为起爆 5.4μs 时的爆炸材料流。

在爆轰波通过后,在爆炸作用下,铅药型罩 – 波形控制器转换炸药的势能,并受压缩,开始将势能传输给主药型罩,主药型罩开始运动并将能量传输给受压缩的并沿其表面向轴线处汇聚的铜药型罩。

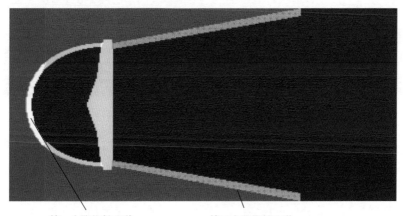

第一个聚能射孔弹　　　　　　第二个聚能射孔弹

图 4.48　装药结构图(带有铜药型罩的聚能射孔弹)

在 8.4μs 时,铅药型罩 – 波形控制器的质量完全撞到钽主波形控制器上,于

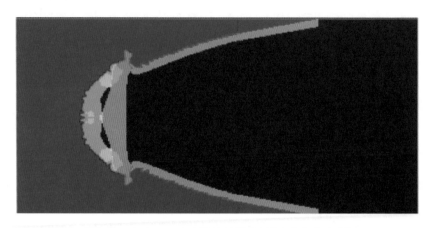

图 4.49 在 5.4μs 时的爆炸材料流(等密度线分布图)

是就将冲量传输给钽主波形控制器,如图 4.50 所示。在铅射孔弹中,发生波的反射,部分波从波形控制器上弹回。在 11.41 ~ 12.32g/cm³ 范围内材料密度的变化用较浅颜色标出,而 11.41g/cm³ 以下范围内材料密度的变化用较深颜色标出。可看到作为波形控制器表面深色的材料部分分离。部分实现弹性碰撞。

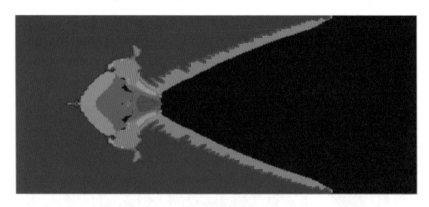

图 4.50 在 8.4μs 时的爆炸材料流场(等密度线分布图)

药型罩材料在聚能对称轴上轴向速度 v_z 为 4.53km/s 的波形控制器表面滑动。波形控制器同样将动能传输给药型罩,这是由于波形控制器在对称轴线上的运动速度减小而发生的。在 7.8μs 时,波形控制器的速度大于 4.403km/s。波形控制器相当大部分(一半左右)铅凝结块具有负速度值。在波形控制器的表面,沿对称轴线可看到负速度的铅射流,铜聚能射流形成开始了。在铜材料密度为 11.69g/cm³ 时聚能射流的速度超过 15km/s。部分聚能射流材料过度压缩。在药型罩压垮前,最大径向速度 v_r 和轴向速度 v_z 相应为 5.210km/s 和

6.872km/s。这些速度保障了药型罩的大初始半径和钽波形控制器的 z 方向速度。药型罩锥角小,它对聚能射流 z 方向速度的贡献小,如图 4.51 所示。

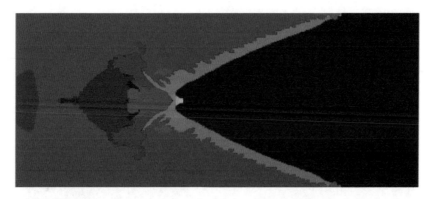

图 4.51　在 8.4μs 时的爆炸材料流场(等径向速度线分布图)

如图 4.52 所示,聚能射流质量小和杵体质量大的传统射流形成。到 9.4μs 时,发生了材料与聚能射流脱离,聚能射流的最大速度为 13.73km/s。

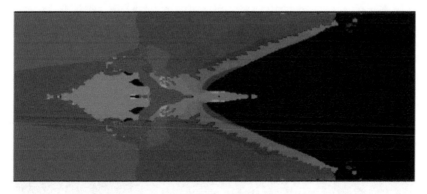

图 4.52　在 9.4μs 时爆炸材料流场(等径向速度线分布图)

过度压缩的聚能射流中的密度松弛,出现随时间消失的孔洞,头部的密度扩大,射流的标准密度相对应的是 12km/s 以上的速度,但是,随着时间的推移,头部的密度就变成标准密度。

在 12μs 时,持续形成聚能射流,如图 4.53 所示。在聚能射流头部中的对称轴线上形成了空洞。这是因为波形控制器板的 z 方向速度不够大,或者速度矢量径向分量 v_r 过大。必须利用减小药型罩半径来减小径向速度,以便减小对聚能射流材料的过度压缩。

聚能射流头部的密度减小是由于药型罩材料在对称轴线上碰撞时的较高压力而产生的。在这个时候,射流表面的扩展速度,也就是说在射流中心低密度形成的速度达到 25km/s,它随着时间的推移而减小,直到完全中断或压缩为止。聚能射流的最大轴向速度(v_z)为 12.85km/s。药型罩材料开始不仅有药型罩残留物,而且还有杵体部分进入到聚能射流中。

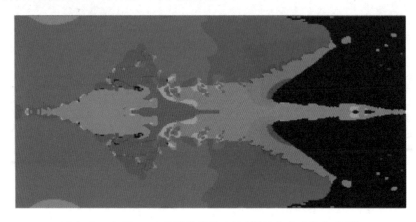

图 4.53　在 12μs 时的爆炸材料流场(等径向速度线分布图)

杵体产生的不稳定性被切割成小块,如图 4.54 所示。钽波形控制器被破坏。随着时间的推移,聚能射流中的杵体材料流加强。射流超出计算场范围。杵体出口处的射流速度为 7.292km/s。这个截面中的射流直径为 6mm。杵体内钽波形控制器的残留物轴向速度(v_z)为 1.244km/s,铅波形控制器的残留物速度为 0.9~1.27km/s。

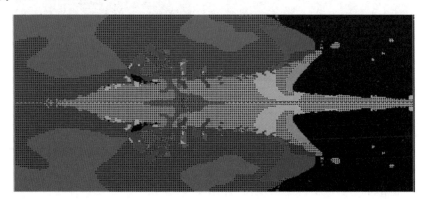

图 4.54　在 12μs 时的爆炸材料流场(等径向速度线分布图)

在 18μs 时,药型罩材料流完结,如图 4.55 所示。杵体底端的聚能射流速度还很大,超过 4km/s。由于物质进入射流,杵体外径开始减小。

聚能射流超出了计算场界限,狭窄颈部中杵体底端射流最小速度为 3km/s,

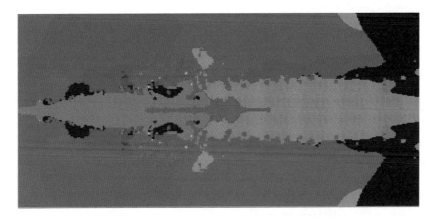

图 4.55　在 18μs 时的爆炸材料流场(等径向速度线分布图)

所以射流形成过程持续进行,而且杵体减小。射流形成过程可能还将减小到约 1km/s 的最小速度,即波形控制器残留物的速度,如图 4.56 所示。

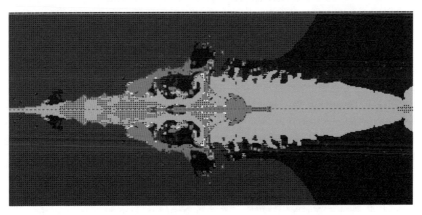

图 4.56　在 24.6μs 时的爆炸材料流场(等径向速度线分布图)

当然,这个计算结构是没有经过优化的,在计算中可作出改进。但是这是一个这种聚能射孔弹的独特例子。它们不仅可以解决一系列与石油天然气生产相关的问题,而且保障利用异常大的铜射流初始速度将大穿透深度和大孔径的射孔结合。这样就解决第二个问题,而利用大长度聚能射流解决第一个问题。这个例子形式上也可被称为由两个增大对障碍物穿透深度的射孔弹构成的串联式装置,我们觉得可称为第二种连续作用的串联式装置类。

参 考 文 献

1. Геофизические методы исследования скважин[Текст]. М. :《Недра》. – 1983 г. – 187с.

2. Физика взрыва [Текст]//Под редакцией Л. П. Орленко – М. :Физматлит – 2004. – т. 2. – 656с.

3. Минин И. В. Мировая история развития кумулятивных боеприпасов [Текст]/Минин И. В. , Минин О. В. //Российская научно – техническая конференция《НАУКА. ПРОМЫШЛЕННОСТЬ. ОБОРОНА》, 23 – 25 апреля 2003 г. , Новосибирск. – НГТУ. – с. 51 – 52.

4. http://www. rbs. ru/VTTV/99/firms/applphys/r – opkums. htm [электронный ресурс]

5. ЭНЦИКЛОПЕДИЯ " ОРУЖИЕ И ТЕХНОЛОГИИ РОССИИ. XXI ВЕК " . Боеприпасы и средства поражения [Текст]/Под общей редакцией министра обороны РФ С. Иванова. Параллельный текст на русском и английском языках. М. :Издательский дом《Оружие и технологии》,2006 г. – т. 12 – 848с.

6. V. F. Minin Modelling of a hypersonic Astrotrain running in an Evaluated Tube[Текст]/V. F. Minin, I. V. Minin, O. V. Minin //18th International Symp. on Space Technology and Science, May 17 – 23. – 1992. – Kagoshima,Japan.

7. Ляхов Г. М. Отражение и преломление ударных волн в многокомпонентных средах и в воде[Текст]/ Известия АН СССР,ОТН механика и машиностроение. 1959 – N5 – с. 58 – 63.

8. Патент 2412338 Российская Федерация, МПК E43/117, F42B1/02. Способ и устройство (варианты) формирования высокоскоростных кумулятивных струй для перфорации скважин с глубокими незапестованными каналами и с большим диаметром [Текст]/Минин В. Ф. , Минин И. В. , Минин О. В. ; заявл. 07. 12. 2009; опубл. 20. 02. 2011,Бюл. №5. – 46с.

9. Минин В. Ф. Физика гиперкумуляции и комбинированных кумулятивных зарядов [Текст]/ В. Ф. Минин,И. В. Минин,О. В. Минин //Нефтегазовые технологии – 2011. – N 12 – с. 37 – 44.

10. Минин В. Ф. Физика гиперкумуляции и комбинированных кумулятивных зарядов [Текст]/ В. Ф. Минин,И. В. Минин,О. В. Минин //Нефтегазовые технологии – 2012 – N 1 – с. 13 – 25.

11. Бабкин А. В. ,Велданов В. А. , Грязнов Е. Ф. и др. Средства поражения и боеприпасы – М. : МГТУ им. Н. Э. Баумана,2008. – 984с.

第5章　带有波形控制器的超聚能射孔弹

在研究各种不同超聚能射孔弹时,波形控制器是实现超聚能作用的重要零件。波形控制器赋予药型罩附加冲量,这个附加冲量改变药型罩的运动轨迹。当聚能射流质量大于或等于杵体的质量时,附加冲量就可强制将聚能过程中药型罩的压垮角增大到并超过180°,将传统聚能作用过程转入超聚能作用过程。在大多数情况下,这个过程伴随着聚能射流头部速度的增大,并利用射流头部和尾部的速度差将聚能射流拉伸。这个对于增大穿透深度是必需的,因为射弹孔的容积是与射流的能量成比例,而射孔的深度与聚能射流长度和射流材料密度与障碍物材料密度之比的平方根成比例。在超聚能方式中,射流的质量可接近或等于药型罩的质量,而在某些质量参与侵彻的波形控制器中,射流的质量大于主药型罩的质量。

因此,药型罩采用密度相对小的材料,例如,采用铝时,形成超聚能射流的射孔弹是可实现的。射流占药型罩材料比重大时可形成大长度的聚能射流,因此与药型罩采用大密度材料但质量相对较小药型罩形成射流的聚能射孔弹相比,两者可具有相同的穿透深度。此外,在油井射孔时,要求射孔弹中的炸药量小。在射孔弹中选用可多次使用的外壳。在聚能射孔弹中采用铝药型罩对炸药的利用率最高,铝是这类射孔弹最佳的药型罩材料。截止到今天,设计师还不知道,在形成射流时,由铜和铝可得到聚能射流的最大长度以及用铝聚能射流可穿透的最大深度。这取决于许多参数,其中包括取决于仅在物理试验时获得的参数。不能通过数值计算检验这一点,只能通过试验验证。

波形控制器改变爆轰时由药型罩的速度分量,增大药型罩冲量,增加 z 方向速度。这些取决于波形控制器的结构、质量和其他气体动力学参数。波形控制器的作用和聚能射流的形状由药型罩在受压缩所获得的径向速度 v_r 和轴向速度 v_z 所决定。如速度 v_z 很大,射流形成中心快速向前运动,并沿对称轴线形成带有细杵体的空心射流。可通过减小波形控制器冲量或增大药型罩构件的 v_z,例如,改变药型罩形状可消除这个效应。例如用增大药型罩的初始半径来增大速度 v_r,就可与波形控制器一起增大药型罩压垮时的最大压力,这就可增大聚能射流的最大速度,并且可能大大超过其气体动力学极限。在设计聚能射孔弹时,应当考虑到,到波形控制器作用时,药型罩具有自身速度分量,例如,如果药型罩自身速度 z 大于波形控制器的速度 z,那么,波形控制器就落后于药型罩,并不可能将自己的冲量传输给药型罩构件,那么,就需要或者改变药型罩的角度,或者增大厚度,或者改变波形控制器的几何形状。如果波形控制器具有充足的动能,那么,它就可以阻碍药型罩在对称轴线上被压垮,或者改变聚能流,于是可形成带有波形控制器材料和药型罩材料的聚能射流,这就会破坏聚能射流的正常形成。在某些情况下,这种射孔弹将具有解决可能的特殊问题的优势。

波形控制器按其厚度特性设计,例如,在对称轴线上具有利用延缓波形控制器中心部分的运动,以保证给药型罩碰撞留出位置,使锥体顶部药型罩在与波形控制器相互作用时不破坏流体动力学条件。波形控制器材料不仅可采用密度比药型罩材料密度大的材料,还可采用密度比药型罩材料密度小的材料。波形控制器在设计射孔弹时起着重要作用。

碰撞是由于径向速度 v_r 发生,而轴向速度 v_z 较小时,药型罩材料在压垮过程中对称轴上的压垮角度等于 $180°$ 时会产生最大压力值。如果无药型罩材料的 v_z 分量,就会发生内部爆炸——压缩的金属能量,由于在对称轴上没有输出源,就使材料破裂在对称轴线上形成空洞,并使聚能射流材料沿射流半径飞散。

在普通的传统聚能过程中,材料的性能限制着射流的极限速度,在这个速度下,可实现密度与原始材料密度差别很小的聚能射流。这就决定了传统聚能方式所形成的能射流最大可达到的速度为材料气体动力学极限速度。

利用波形控制器压缩过程的作用增大聚能射流的最大速度,还在药型罩材料压垮对称轴之前,这个波形控制器可将所形成聚能射流 z 运动方向中的附加冲量传输给药型罩。在受压缩药型罩壁材料径向速度(v_r)足以形成射流的条件下,波形控制器预防高速射流头部在压垮时被破坏。在这种情况下,可增大聚能射流的最大速度。例如,对于铝药型罩来说,气体动力学速度是 14.5km/s 左右,而在射流密度与原材料密度差别很小的条件下,最大限度可达到的速度可超过 20km/s。这样的高速度是由于波形控制器提供给药型罩附加能量作用得到的。这种聚能射孔弹为串联式射孔弹,并在这两个射孔弹作用中从一个射孔弹到另一个射孔弹的能量传输应精确同步。这个同步可利用射孔弹的药型罩压垮时间来实现。

在复杂波形控制器参数与角度之间,或者药型罩特性之间也应匹配。在相同波形控制器条件下,存在有形状、射流体密实性、最大速度的药型罩最佳锥角,而且这些特性既可对药型罩角度的变化很敏感,也可对波形控制器的结构很敏感。聚能射流的最大速度既可由其中包括其半径在内的药型罩几何形状确定,也可由波型控制器的作用给定。同时,在药型罩与爆轰波相互作用条件下,整个

药型罩的 v_z 和 v_r 速度分量与其锥角相关。波形控制器和药型罩速度的不匹配可能影响射流正常成形,将药型罩材料分成两股,一部分药形罩进入到射流中,而一部分流到波形控制器后。同样可产生带有两个未正常拉伸射流 v_z 峰值的曲线图,将发生对射流的压缩和拉伸。当波形控制器作用所产生的速度小于药型罩角度所给定的速度时,就可出现这种过程。

如果波形控制器的质量特性和气体动力学特性选择合理,波型控制器就可保障能使聚能射流速度增大的附加冲量。当然,如果波形控制器过重,不能适时在受压缩的药型罩之后运动,在形成射流时它就不会将冲量传输给药型罩。但是,它在追上射流以很小速度运动的射流末端后,就可能改变射流末端的速度特性。

考虑到聚能射孔弹和所形成的聚能射流的能力受限于现有炸药的能量,利用波形控制器可以提高炸药的利用率。在波形控制器材料密度接近炸药药柱爆轰产物密度的情况下,可最大幅度提高炸药的利用率。另一方面,波型控制器的材料密度应接近或超过药型罩的密度。否则,波型控制器由于变形就不可能实现其功能。另外,若发生波形控制器材料被压缩的药型罩材料包裹,将破坏聚能射流形成过程。通过波型控制器的结构设计可躲避这些问题。

考虑到药型罩材料沿波形控制器表面以约 $2 \sim 3 \text{km/s}$ 的速度滑动,为了防止波形控制器破坏,可采用高硬度和强度材料制作波形控制器。有几种方法可解决这个问题[1-3]。例如,可以利用波形控制器的质量和高密度代替流体力学中的强度性能,也可使用好的淬火钢,就可将波形控制器做得薄一些和轻一些,可在聚能过程中使用密度超过波形控制器材料密度的材料制作药型罩。考虑到在药型罩沿波形控制器表面滑动时波型控制器受到的主要载荷,可(为使用爆炸焊接或磁脉冲焊接)在低密度金属上镀一薄层钨或钽,或者其他金属、合金和复合材料[1]。

可采用陶瓷作为波形控制器材料,或者可利用在波形控制器表面上镀金属氧化物层[1],例如,Al_2O_3,或者金属碳化物层,如碳化钨,对波形控制器表面强化。另外,可用厚层阳极镀氧化铝(刚玉)强化层,而且这类镀层的厚度可为数十分之一毫米[4-5],这对于在油井射孔所用的直径通常不超过 $40 \sim 60 \text{mm}$ 的聚能射孔弹中所采用的波形控制器来说完全足够了,如图 5.1 所示。

应当注意到厚层晶体镀层是各向异性的。由于镀层特别坚固,因而在材料沿其表面运动时不会因侵蚀作用而破坏。应采用没有添加其他金属的纯铝,而且最好是使用按超聚能射孔弹各向异性铝药形罩制作工艺得到的各向异性结构的铝作为其氧化铝厚层镀层的材料。固体推进剂火箭发动机零件可作为恶劣条件下这种防护镀层使用的例子。

图 5.1　镀有 0.1mm 厚度 Al_2O_3 强化镀层的铝零件

这是由纯铝制作的镀有刚玉镀层的固体推进火箭发动机喷管,受侵蚀负载和热负载,没有破坏。喷管是采用磁脉冲焊接方法焊接在发动机的薄圆筒壳体上的。

使用层状结构波形控制器,将药型罩在对称轴上的压垮角增大超过180°,可有效地将爆轰产物的压力传导给波形控制器的冲量传输给受压缩的药型罩[1-3]。将波形控制器分成两个部分,与药型罩连接的波形控制器第一部分用高密度材料,例如钢,而第二部分用铝制作。

再来较详细研究两层波形控制器的工作过程。如图 5.2 所示为直径为40mm 的聚能射孔弹,其组合式波形控制器由不同密度的两种金属组成:钽(5)用浅颜色标出,钢(4)用深棕色标出。波形控制器的外径为 25.6mm,锥形钢波形控制器的锥角为 166°,壁厚为 1.5mm。钽波形控制器的壁厚为 0.5mm。射孔弹的直径为 40mm,长度为 27mm。炸药采用密度为 1.75g/cm³ 的黑索今。药型罩采用锥角为 44.8°和壁厚为 0.92mm 的等厚度锥形铝药型罩。主药型罩的小端和大端直径分别为 26mm 和 40mm。采用厚度为 3mm 的平板,以 3km/s 的速度冲击起爆。

在射孔弹引爆 1.6μs,平面爆轰波接近组合式波形控制器钢锥体。波形控制器钢锥体被加速并沿对称轴具有 3.16km/s 的轴向速度分量(v_z),如图 5.3 所示。波形控制器的抛射速度在其对称轴线上最大,接近其边缘减小。由较低密度金属制作的波形控制器开始与由较重金属制作的波形控制器相互作用,冲量从较轻的波形控制器传输到较重的波形控制器。

在钢波形控制器与薄钽波形控制器相互作用时,后者就获得了 1.697km/s

1—起爆管；2—炸药爆轰产物；3—炸药药柱；4—组合式波形控制器，
材料为钢；5—组合式波形控制器，材料为钽；6—药型罩。

图 5.2 装药结构图

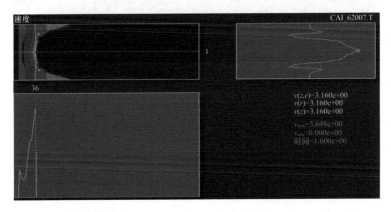

图 5.3 在射孔弹起爆 1.6μs 时的聚能爆炸材料流和轴向速度(v_z)曲线图

的速度。在爆轰波作用下，药形罩材料开始压缩。钽波形控制器将附加速度传输给药型罩材料，如图 5.4 所示。同时，在聚能对称轴上药型罩材料的压垮角增大。在对称轴上，钽波形控制器的 z 方向速度等于零。

在射孔弹起爆 2.2μs，在钽波形控制器边缘上的波形控制器 z 方向速度变化很小，为 1.98km/s。在钽波形控制器对称轴线上 z 方向速度增大了，达到 3.391km/s，如图 5.5 所示。在对称轴上的波形控制器 z 方向速度分量较之其边缘部分的增大，同时加了药型罩材料在对称轴上的压垮角。

药型罩材料的速度随着接近对称轴和与波形控制器相互作用增大，而波形控制器的速度减小。此现象在射孔弹起爆后几微秒就可看出。在对称轴上的波形控制器最大速度开始减小，达到 3.621km/s，到 4.2μs 时，已减小为 3.125km/s。

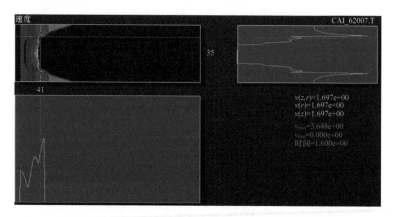

图5.4　在射孔弹起爆 1.6μs 时的聚能爆炸材料流和轴向速度(v_z)曲线图

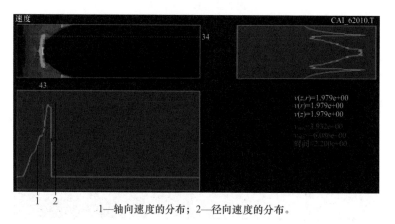

1—轴向速度的分布；2—径向速度的分布。

图5.5　在射孔弹起爆 2.2μs 时的聚能爆炸材料流与轴向速度(v_z)和径向速度(v_r)曲线图

以后钽薄圆盘和钢锥体持续将自己的冲量传输给铝杵体。

在这个计算中所得到的聚能射流速度特性如图 5.6 所示。

由于药型罩和波形控制器的初始半径足够大,聚能射流的最大速度达到 17km/s 左右。

特别是在有必要增大聚能射流头部最大速度的情况下,可采用集中炸药能量向前推进复杂组合式波形控制器构件。

随着超聚能方式的出现,也出现了形成高速射流的可能性,这些高速射流可能比由普通聚能射孔弹所得到的聚能射流有效,将枪弹射孔弹和聚能射孔弹的优点结合在一起。

所形成的射流平均最佳速度约为 4 ~ 6km/s。为了得到所形成射流的最

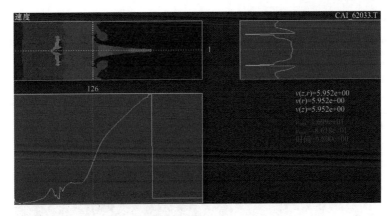

图 5.6　在 6.8μs 时刻的铝聚能射流

大长度,应形成速度梯度,因此必须使波形控制器聚能对射流的末端有效加速。

　　波形控制器可为大质量和沿厚度特型设计的,例如,制作成外表面为轴对称锥形或别的形状,其直径在从药型罩顶部到底端方向平缓或者阶梯减小。同时,将波形控制器沿药型罩对称轴安置在药型罩内,波形控制器的底端与药型罩顶部连接在一起,如图 5.7 所示。这种波形控制器在压垮时不会增大传输给药型罩构件的能量,但是能够改变径向速度分量与轴向速度分量的比值和方向[1]。波形控制器是用密度不小于药型罩材料密度的材料制作。

　　可用下例说明这种波形控制器的工作,如图 5.7 所示。

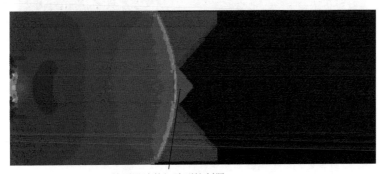

特型设计的钽波形控制器

图 5.7　装药结构图(等轴向速度 v_z 线分布图)

　　装药结构图由图 5.7 就可看清楚。聚能射孔弹的直径为 56mm,长度为 84mm。在射孔弹中采用了锥角为 92.2° 和壁厚为 1.1mm 的锥形铜药型罩,药型罩的底端直径为 48mm,顶部的截短部分直径为 16mm。采用密度为 1.71g/cm^3

的 50/50 黑索今/梯恩梯组成作为炸药。选用沿对称轴厚度为 8.3mm 的钽作为锥形波形控制器的材料,波形控制器的最大直径为 16.6mm。炸药采用端面冲击起爆方式起爆,形成平面爆轰波。

在射孔弹起爆后 9.2μs,波形控制器的 z 方向速度达到 400m/s。药型罩以速度 2.5km/s 沿波形控制器表面运动,如图 5.8 所示。

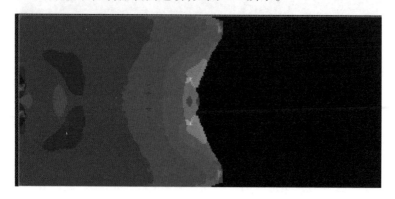

图 5.8　在 9.2μs 时爆炸材料流(等 z 方向速度线分布图)

如图 5.9 所示为 11.2μs 时的爆炸材料流。药型罩材料与波形控制器表面分离,并增大药型罩材料在对称轴上的压垮角。波形控制器滞后,药型罩压垮在对称轴上并开始形成射流。

图 5.9　在 11.2μs 时爆炸材料流(等 z 方向速度线分布图)

如图 5.10 所示为在聚能射孔弹起爆 17.6μs 时的爆炸材料流。形成了最大速度超过 6km/s 的聚能射流和末端中最大负速度超过 0.5km/s 的杵体,且杵体的主要部分具有大于 1km/s 的正速度。波形控制器发生了变形,表面变成了凹形,落后于所形成的射流。

必须指出,在采用这种波形控制器时需要极其谨慎,因为波形控制器不让药

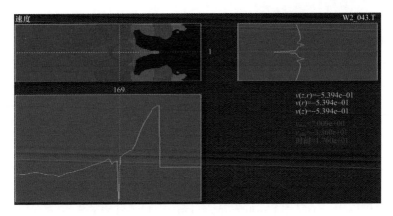

图 5.10　在射孔弹起爆 $17.6\mu s$ 时爆炸材料流和轴向速度(v_z)曲线图

型罩材料在径向运动时减小速度 v_r，这就意味着减小药型罩压垮在对称轴上和在最终阶段上的压力，进而减小聚能射流的最大速度。

作为极限情况，这种波形控制器可为圆柱棒形式。在初始时刻，用棒所形成的射流沿棒表面流动，但是不能压垮和形成聚能射流。因此，只有波形控制器在对称轴线上腾出位置后，药形罩才能在对称轴线上压垮并形成聚能射流。

关于这种聚能射孔弹中材料流的可能性问题具有很大的意义。要知道，我们将受到很高压力作用的金属体放在了聚能射孔弹的中心。

因此，对这种聚能射孔弹的波形控制器作用和穿透钢靶过程进行了数值模拟。如图 5.11 所示为带有铝药型罩和钢波形控制器的聚能射孔弹外视图。射孔弹直径为 30mm，锥形波形控制器最大直径为 8mm。炸药采用密度为 $1.75g/cm^3$ 的钝化黑索今。

图 5.11　带有铝药型罩和钢锥形波形控制器的聚能射孔弹外视图
和这个聚能射孔弹所击穿的靶板

如从图 5.11 看到的那样,波形控制器有表面侵蚀的痕迹,但是整体上还是完整无缺。射孔弹穿透了两倍装药直径左右的钢靶。必须指出,这个试验不是对优化计算的试验验证,它是开始研究制作最佳聚能射孔弹之前进行的。同时注意,是在可压缩的理想流体中进行计算的。

5.1 带有可破裂波形控制器的超聚能射孔弹

为了在爆炸后破坏大质量的波形控制器,应将超聚能射孔弹做成组合式的[1]。受侵蚀层可用薄的高硬度、高强度材料,如钨、碳化钨等制作。波形控制器物体也可以用半活性材料,如赛璐珞与钢,或硝基纤维素与金属,或硝基纤维素与陶瓷或金属与炸药混合物成型[1]。可广泛使用合金和金属陶瓷。

采用高密度和高强度金属会堵塞油井空间,套管壁中穿透的孔就可能被减小。为了使金属碎块不堵塞油井,建议采用对其压缩后,爆炸过程中破坏的金属有机复合材料,可采用金属粉末(合金粉末、金属粉末混合物、陶瓷材料混合物、像钨、钽等这类重金属粉末)。为了制作波形控制器,可采用压制并随后对材料烧结的方法。如果需要在对结构爆炸压缩时保障结构的较高破坏效率,可用溶体对材料进行进一步的浸渍,如二硝基纤维素丙酮溶体,或者三硝基纤维素炸药溶体填充金属气孔。

当冲击波在这种复合材料介质中通过时,热力平衡就会被破坏,因为在冲击波通过时,金属粒子和赛璐珞粒子运动速度不同,在冲击波阵面中就开始热力平衡的调整过程。如果重金属粒子未被破坏,那么,平衡调整时间,弛豫时间可能会长。除此之外,位于金属粒子之间的带有二硝基纤维素或三硝基纤维素(或其他炸药)的介质在其运动时被加热,开始分解并将其转化为气体,这同样会形成第二个不平衡系统,于是这种介质整体特点是出现足够大的第二黏度。弛豫时间等于或者大于聚能射孔弹组成中的结构件工作时间,在二硝基纤维素释放能量和外部压力消除后,这种系统就会被破坏,形成粉末粒子和气体云。

我们来研究在爆炸和形成聚能射流后破碎的波形控制器例子。

该射孔弹药型罩为半球形铜药型罩,波形控制器由 97% 钨和 3% 黑索今组成。当然,波形控制器材料的物质状态方程是拟合的,它在爆炸时破碎。起爆 $8.2\mu s$ 时,由铜形成最大速度为 $8.1km/s$ 的聚能射流。波形控制器参与了形成聚能射流的工作,它的密度被保持并为 $14.86g/cm^3$。在 $12\mu s$ 时,聚能射流拉伸,波形控制器开始破碎。如图 5.13 所示为沿射孔弹的密度曲线图,这个曲线图表明,在标记点的截面中,材料的密度已经降低到了 $2.21g/cm^3$。

在波形控制器这种密度条件下,我们观察材料的破坏,然后可得出随着时间

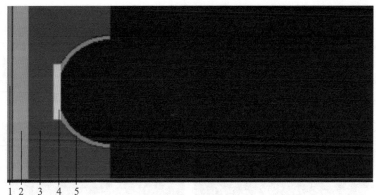

1—起爆药；2—爆轰产物；3—炸药；4—钨波形控制器；5—铜半球形药型罩。

图 5.12　装药结构图

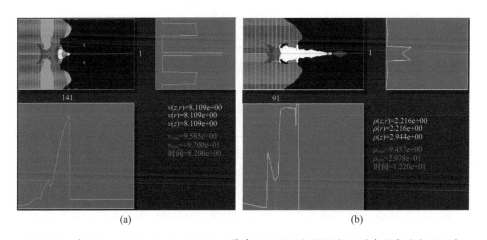

(a)　　　　　　　　　　　　　　　(b)

图 5.13　在 8.2μs(a)和 12.2μs(b)时刻带有破碎波形控制器射孔弹中的聚能射流形成

的增大波形控制器是怎样发生破坏的,发现破坏是逐层发生,到 14.6μs 时刻波形控制器完全就被破坏,如图 5.14 所示。

当然,这个计算是定性的,是在实践中可实现的试验,因为在这种复合材料中,材料的弛豫时间总是比结构有效工作时间长许多。

波形控制器的外表面可镀一层能减小摩擦力的材料层,例如,塑料(氟塑料)、金属氧化物(Al_2O_3)、易熔合金、硝基纤维素[1]等。

正如计算表明的那样,锥形表面的波形控制器在冲击波通过它时被破坏。必需的是,应防止波形控制器受到来自爆轰波到达方向的压缩介质使材料崩落。

反之,可以制作截面中有矩形梯度的锥形波形控制器,其小端形成受压缩药

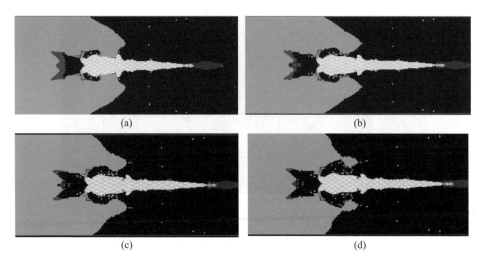

图 5.14 13μs(a)、13.4μs(b)、13.8μs(c)和14.6μs(d)时刻聚能射孔弹中
波形控制器的顺序破坏

型罩材料跌落的"跳板",或者它被去除,在对称轴线上腾出空间,然后让药型罩构件在对称轴上成大于180°角度无障碍地碰撞,并形成聚能射流。

在形成射流呈180°角度在对称轴上碰撞时,波形控制器可更加将附加轴向速度 v_z 传输给聚能射流头部和尾部。这个附加速度值取决于给射孔弹使用的目的和波形控制器结构的选择。可能有药型罩无 z 方向速度分量的极限情况,例如,在圆柱形药型罩条件下,为了形成聚能射流,波形控制器就必须形成 z 方向速度分量。或者需要将聚能射流头部最大速度增大超过气体动力学极限。那么,波形控制器就变成解决这个问题的特种聚能射孔弹,而整个装置就变成独特的串联式射孔弹。

这样一来,波形控制器就可制作成实心的或空心的,并用密度不小于药型罩材料密度的材料制作成截断形状面和其他结构[1,6-8]。同时,将波形控制器制作成轴对称锥形或其他形状外表面,并从药型罩顶部到底端方向减小它的半径。将波形控制器沿药型罩对称轴线放置在药型罩内,用波形控制器大直径底端将波形控制器与药型罩顶部连接起来。在对药型罩压缩过程中,波形控制器与药型罩材料相互作用,并在药型罩沿波形控制器外表面滑行时将对药型罩压缩的径向速度分量转换为所形成的聚能射流运动方向中的轴向速度的 v_z 分量[1]。

波形控制器可为第二种辅助药型罩——并串联式装置形式。对这些波形控制器的要求比上面所研究的还更广。它们最好能够具有比药型罩密度高的密

度。但是,根据射孔弹结构的用途,也可使用较重物质来制作射孔弹。对这种
波形控制器的气体动力学特性研究得明显不够,在这里存在着广阔的研究
领域。

5.2 带有两个聚能射流的超聚能射孔弹

如图 5.11 所示,这类锥形波形控制器既可制作成实心的,也可制作成其内
部有腔的。锥形波形控制器的内腔可填充炸药[1],炸药将参与形成大质量聚能
射流。内腔填充炸药的波形控制器可采用不同密度的材料,其中包括与主药形
罩材料相同的材料制作的药型罩。在这种情况下,就能得到带 W 形药型罩的射
孔弹[6-8],如图 5.15 所示。

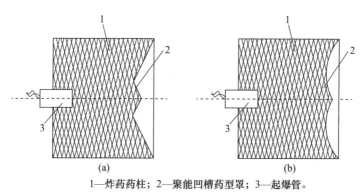

1—炸药药柱；2—聚能凹槽药型罩；3—起爆管。

图 5.15 带 W 形药型罩聚能射孔弹的结构

爆炸时,由 W 形药型罩形成由主药型罩构件和波形控制器药型罩构件构成
的圆柱空心体。波形控制器药型罩在爆炸时扩张并与受压缩的主药型罩碰撞。
同时,在轴向空间外,在对称轴线上方形成空心聚能射流和杵体。由于数量很少
的炸药反向抛射扩张的波形控制器药型罩和具有大的径向压缩速度的主药型
罩,聚能射流和杵体具有低的、负的压缩速度 v_r。在这个速度差作用下,环状射
流被压缩,在对称轴线上已经形成另一种聚能形成物——低速密集射流。W 形
药型罩形成密集聚能射流的成型过程由两个阶段组成——开始时形成圆柱形空
心射流和杵体,而在对它们压缩后就形成密集聚能射流。聚能射孔弹药型罩和
波形控制器的所有材料都进入到聚能射流中。

这种射流的极限最大速度通常不超过 4km/s,而射流末端的速度可能小于
1km/s。

这种射流的形成是不稳定的,并很大程度上取决于药型罩的几何形状。尽

管上述聚能射流速度小,但射流速度梯度也小,在试验和计算中射流拉伸得还是相当好,如图5.16所示。

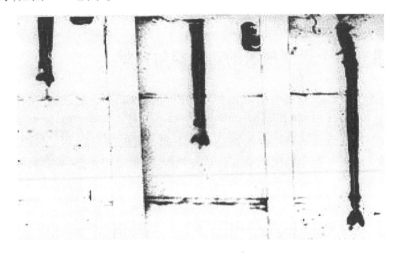

图5.16 W形药型罩长的铜聚能射流形成和拉伸

应当指出,这个聚能射孔弹不是最优化的,它只是演示多聚能射流形成的可能性。内外药型罩材料及其几何形状、药柱的爆轰以及采用附加物体来改变聚能流都可能改变射流的形成。

由W形药型罩形成比常见的长聚能射流更密集的聚能射流体。如图5.18所示为聚能射孔弹形成这种密集聚能射流的X射线照片和计算图。

所列出的X射线照片与计算中密集部分的形成相符。所形成的射流体最大z轴向速度为3.467km/s。

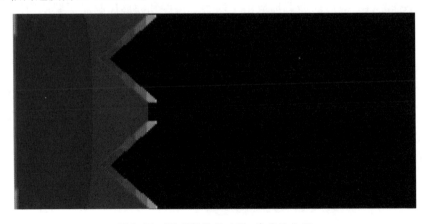

图5.17 W形聚能射孔弹,装药结构图

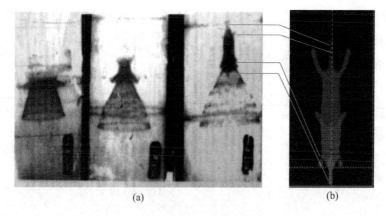

图 5.18　W 形药型罩密集部分的形成。射流形成(a)和
这个爆炸计算图(b)的 X 射线照片

　　所列出的 W 形射孔弹爆炸的 X 射线照片和计算试验结果表明,在这种聚能射孔弹中形成密集聚能射流。密集部分随时间的形成用随后计算如图 5.19 所示。计算与试验的区别是,在计算中炸药的爆轰用平面波进行,而在试验中是点式爆轰。图 5.19(a)是开始对药型罩和波形控制器压缩,而然后是密集聚能射流的形成过程。

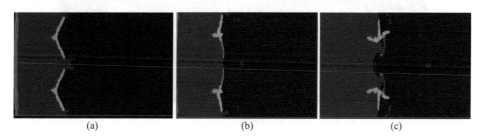

图 5.19　超出轴向的药型罩材料径向聚能流形成和压缩开始。
密集部分形成的第一阶段

　　在对聚能形成物压缩过程中发生了药型罩的部分分离和所形成的圆柱形空心聚能射流变形,如图 5.20 所示。

　　在 $29.6\mu s$ 时刻,射流头部微元的 v_z 方向最大轴向速度为 3.750km/s,而杵体的 v_z 方向最大轴向速度为 3.2km/s。密集体粗的末端最小速度为 1.5km/s 左右,而小密度的反向破坏射流最小速度为 1km/s 左右。

　　在这个所形成的聚能物体中存在着复杂射流,等径向速度 v_r 线图可能会提供关于复杂射流的一些数据,如图 5.21 所示。药型罩材料是呈大于 180° 角度

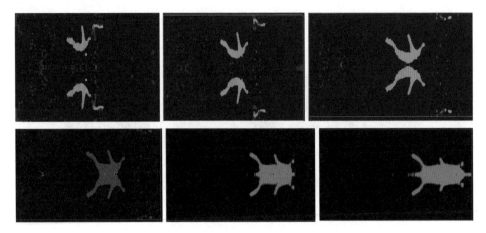

图 5.20　聚能形成物在对称轴线上压垮。所得到的密集部分的惯性流和进一步变形。
密集部分形成的第二阶段

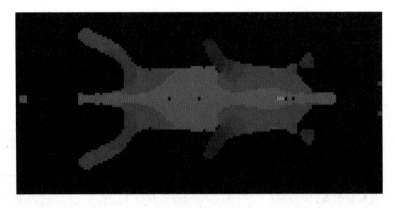

图 5.21　密集聚能物体中的等径向 v_r 速度线

进入聚能射流物体中的。

这些 W 形聚能射孔弹形成速度很低的聚能射流。

然而,油井射孔用聚能射孔弹设计人员的最大努力在于增大飞行过程中拉伸射流所需的聚能射流头部最大速度,以便保障对障碍物的最大穿透深度。虽然这种聚能射孔弹也许初看起来速度小,前景似乎也很小,也许通过某种途径就会成功增大它们的最大速度。

参 考 文 献

1. Патент 2412338 Российская Федерация, МПК E43/117, F42B1/02. Способ и устройство (варианты) формирования высокоскоростных кумулятивных струй для перфорации скважин с глубокими незапестованными каналами и с большим диаметром [Текст]/Минин В. Ф., Минин И. В., Минин О. В.; заявл. 07. 12. 2009; опубл. 20. 02. 2011, Вюл. №5. —46с.

2. Минин В. Ф. Физика гиперкумуляции и комбинированных кумулятивных зарядов [Текст]/ В. Ф. Минин, И. В. Минин, О. В. Минин //Нефтегазовые технологии –2011. – N 12 – с. 37 – 44.

3. Минин В. Ф. Физика гиперкумуляции и комбинированных кумулятивных зарядов [Текст]/ В. Ф. Минин, И. В. Минин, О. В. Минин //Нефтегазовые технологии – 2012 – N 1 – с. 13 – 25.

4. А. С. N 582894 (СССР). Способ изготовления металлической литейной формы [Текст]/В. Ф. Минин и др.

5. А. С. N 657908 (СССР). Способ изготовления литейных форм и стержней [Текст]/В. Ф. Минин и др.

6. Minin V. F. Principle of the forced jet formation [Текст]/V. F. Minin, O. V. Minin, I. V. Minin //Int. Workshop "Air Defense Lethality Enhancements and high Velocity Terminal Ballistics, Freiburg, Germany, 29 Sept. – 1 Oct. 1998. – p. 299 – 305.

7. Минин И. В. Мировая история развития кумулятивных боеприпасов [Текст]/И. В. Минин, О. В. Минин. – Российская научно – техническая конференция 《НАУКА. ПРОМЫШЛЕННОСТЬ. ОВОРОНА》/ – 23 – 25 апреля 2003. – г. Новосибирск. – НГТУ. – с. 51 – 52.

8. Минин И. В. Физические аспекты кумулятивных и осколочных боевых частей [Текст]/И. В. Минин, О. В. Минин. – Новосибирск: НГТУ, 2002. – 84с.

第6章　超聚能射孔弹所用的药型罩材料

　　药型罩材料的射孔效率直接取决于穿透岩层的聚能射流的长度和速度。而长度和速度参数取决于药型罩的材料和爆炸过程中聚能射流的形成机理。在超聚能作用时,高密度的聚能射流中还有一个参数——传统细聚能射流不可能有的射流形状。射流的形状及其形成条件同样地可用于在飞行时最大拉伸聚能射流。聚能射流头部的最大速度起着决定性作用,聚能射流的形状可具有相当大的作用。例如,增大聚能射流头部材料质量将有利于拉伸射流体。

　　增大聚能射流长度的方式之一只是减小射流的直径并利用速度梯度将射流拉伸到所需的最佳尺寸。但是,这个方式会导致射孔效率降低,因为在压缩时,薄药型罩失去稳定性。为了保持效率,应采用附加措施。

　　药型罩材料在聚能射孔弹作用方面起着重大的作用,因此,重要的是要了解材料在爆炸过程和在形成聚能射流时的性状。研究材料在传统爆炸中的作用,首先,必须了解杵体和聚能射流中材料的最终状态。为此,对带有铜药型罩的传统聚能射孔弹的聚能射流碎块进行了回收试验,并对杵体和聚能射流碎块进行了金相分析。试验是按照罗伯特·乌德方法在水中收集,收集的是在射流穿透10mm钢板后的聚能射流碎块[1]。金相分析表明,在爆炸变形过程中,射流金属粒子被拉成丝,其长度取决于形成金属的金属晶粒度。

　　通常存在着两种选择聚能射孔弹材料的方法:①工艺方便、药型罩材料价格低廉,可快速制作且满足功能要求;②材料的密度高、可保障对聚能射流最大拉伸以及最终保障射流长度及其密度的高穿透性及高塑性。

　　当然,功能方法是主要的。根据其既可研制具体结构,也可研制结构的制作工艺。

　　这样一来,就存在有选择聚能射孔弹材料和药型罩制作工艺的问题。这是至今还没有解决的直接决定聚能结构作用效率和稳定性的问题之一。

　　目前,对传统药型罩材料在金属纯度、各向同性和均匀性方面提出硬性要求,特别是材料结构中晶粒度、在对毛坯件压延和预变形时所出现的结构均匀性提出了硬性要求。与研究药型罩中晶粒度对靶板穿透影响相关的许多研究表明,穿透深度随着粒度尺寸的增大可能会急剧下降。目前,对于聚能射孔弹的药型罩来说,允许的晶粒度数十微米以下。对于药型罩材料毛坯件来说,采用经过变形和退火特殊处理的可保证材料均匀性和所需晶粒度的棒材或板材。这个使材料变成很好各向同性状态的工序需要大的劳动量和动力付出,占药型罩造价相当大份额。可形象地说,这些工序使初始晶体和本身各向异性的材料变为近似于晶体颗粒任意取向小的各向同性介质,这种介质被认为是与药型罩计算模型相同的在爆炸作用下压缩时的密实各向同性介质。

　　制备毛坯件的方法已被优化并已经在爆炸产物和聚能射流形成时对金属药型罩的压缩实践中使用了数十年。如图 6.1 所示为放大 200 倍的药型罩初始各向同性材料的微结构,在图 6.1 上可看到混杂排列的微晶体晶粒。

图 6.1　放大 200 倍的药型罩材料的初始微结构

　　众所周知,聚能射孔弹的主要作用是穿透障碍物,在很大程度上取决于材料中的晶体晶粒度[2]。穿透效率随着晶粒度的增大而减小。

　　众所周知,材料的性能取决于构成它们的原子特性及其之间的相互作用力。非晶材料的特点是原子混杂排列。因此,在不同方向中它们的性能是相同的,换言之,非晶材料是各向同性的。在晶体材料中不同金相方向中原子之间的距离是不同。例如,在体心立方晶格中总共一个原子位于通过立方体面的结晶面中,因为顶部的四个原子同时与四个相邻单位晶格毗连。同时,通过立方体对角线的平面将有两个原子。由于晶体不同方向中原子的密度不相同,就出现性能不同。根据试验的方向,晶体中性能的差异称为各向异性。

不同晶体方向中物理化学性能和力学性能的差异可能很大。在锌晶体两个相互垂直方向中测量时,线性膨胀温度系数值差别 3～4 倍,而钢晶体的强度差别超过两倍以上。

性能的各向异性对于单晶来说是特有的。在通常条件下大多数工业铸造金属具有多晶结构。它们由大多数晶体或晶粒组成。同时,每一个单独晶粒是各向异性的。各单独晶粒的不同取向使得整体多晶金属的性能是平均的,因此我们认为它们是各向同性的。但是如果晶粒的取向是相同的,那么这种多晶体材料的性能将是各向异性的。

在聚能过程中,声速起着很大作用。声速是指在波断面形状不变的条件下,弹性波在介质的移动速度。在单晶固体中,声速取决于波相对于晶轴的传播方向。

在所有的宏观性能方面,晶体呈各向同性。这就意味着,晶体的标量性能在其所有点中都是相同的,而矢量性能和张量性能在所有平行和轴对称方向中是相同的。

然而,大多数工业金属－多晶材料,也就是说由大多数情况下相互无序定向的小各向异性晶体组成。这就使得这种多晶金属的性能整体上是平均的,也就是说,它们被认为是各向同性的,或确切地说是准各向同性的[3]。

在各种不同技术方向中金属的应用实践中,用缓慢变形方法制作各种不同零件的各向同性材料看来是很方便的。

采用各向同性材料不仅便于制作各种不同的装置,而且在连续介质力学模型范围内的计算也比较简单。计算由金属晶体构成的材料并考虑到它们的性能就会急剧增大计算的难度,因为如材料塑性、导电性、导热性、声速等这类基本性能是张量值或矢量值,并在不同的结晶方向中是不同的,而且这个差别可能是特别大的。

例如,铜晶体中的声速视结晶方向从 2.8km/s 变化到 4.7km/s。原来是不能忽略晶体材料性能均匀性这个小参数的,因为它们可能从实质上使计算过程失真并导致结果错误。

在聚能射孔弹中,药型罩采用各向同性材料情况下的金属爆炸变形时,在冲击波阵面后在射孔弹结构所决定的一定方向中就会发生材料变形。相对于射流这个方向的晶体视其取向就具有不同的性能并被拉成性能不同的射流。在冲击波阵面后的混杂排列晶体变形方向中,这些晶体性能的差异会使得晶体流的速度和其他气体动力学参数变化的速度不同。这就使得介质在运动时未处于热力平衡。热力平衡稳定的时间——弛豫时间取决于晶体的值,但是甚至是对于很小尺寸的晶体来说,都不能认为它是很小值并忽略它。

如果晶体位于对其变形很有利的方向中,那么,它们就被拉长,变成长丝。不大有利的晶体拉伸得较小,而在不利的方向中可能会长时间都不会变形。在介质流条件下发生热力平衡稳定过程也带有力图将自己的流速度与相邻晶体拉平的晶体回转。相当数量的晶体被转化成丝,因而药型罩金属的结构在很大程度上变为不同性能的丝状晶体。

最终,在准静态变形条件下,这个非常的不平衡过程几乎将各向同性介质变为各向异性介质。各向异性介质由不同长度的并具有由晶体初始取向所决定的不同性能的丝状晶体构成,这一点被杆体和射流碎段的金相分析试验所证实。

如图6.2、图6.3(a)所示为由各向同性药型罩所得到的聚能射流横纵截面中的微观结构。

如图6.2所示为小放大倍数的横截面聚能射流结构。在射流中心有一个孔。在借助数值计算研究聚能射流和杆体时我们也遇到过类似的事实,在计算试验中采用理想的各向同性介质,虽然如此,在可压缩的理想流体力学范围内我们得到过类似的结果。

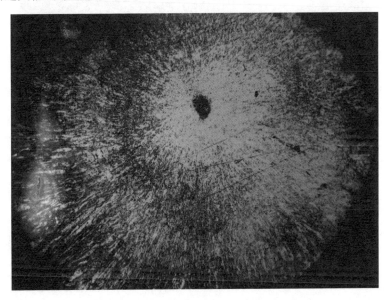

图6.2 放大100倍的横截面中聚能射流结构

在纵向方向中,在放大倍数小的条件下,这个通道也可很好看到,如图6.3(a)所示。沿聚能射流对称轴线的通道直径为80μm左右。聚能射流由丝状铜晶粒构成。在直径为2μm左右时,沿聚能射流的丝状晶粒的长度从0.5mm变化到1.5mm。

在聚能射流横剖面放大倍数大时,就发现剖面中丝状晶粒主要具有圆柱形丝形状,如图6.3(b)所示。

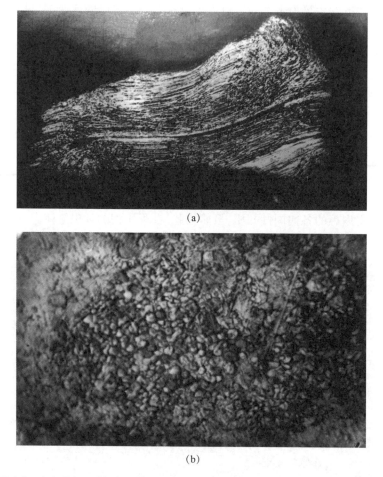

(a)

(b)

图6.3 (a)放大20倍的纵向方向中聚能射流的结构;(b)放大倍数为1250的
聚能射流横截面微观结构

射流中心的晶粒尺寸为$1.6\sim2.4\mu m$。晶体介质只是稍微掩盖这些生成物。

以前,在进行模型计算时发现,沿杵体和聚能射流对称轴线实际上总是会出现材料密度降低。在对聚能射流金相分析时也发现了这些类型气孔的密度降低,如图6.3(c)所示。气孔的不密实性以与聚能射流传统形成方式和超聚能方式相对应的粗聚能射流和细聚能射流的形式在计算中出现,而且这些不密实性在随着气体动力学参数的变化弛豫发展过程中移动。

聚能射流和杵体材料在外观和结构上已经是各向异性,因为现在它的性能

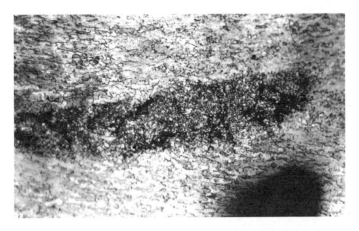

图 6.3(c)　放大倍数为 1100 的聚能射流中心气孔类型的不密实性

在沿纤维和垂直纤维是由不同的丝构成。但是,包含在聚能射流中的丝状晶体性能不具有均匀性,因为由不同晶向微晶体形成的丝性能是不同的。但是,尽管这样,甚至由这类不同参数的丝状晶体构成的聚能射流都具有拉伸的可能性,这也是聚能射流穿透障碍物效率高的原因。

　　因此,聚能射流材料的断裂强度和它的塑性取决于聚能射流的结构丝状特性。如果丝具有其母晶体所给定的相同性能和足够长的长度,也许就可能接近理论强度值或达到它。这个高强度值是已知的。譬如说,对于各向同性的铜来说,断裂强度为 $23kg/mm^2$,而对于须丝状晶体来说为 $340kg/mm^2$。

　　考虑到构成聚能药型罩的初始各向同性介质由其晶体决定射流中的丝性能和长度,对制作带有一个方向晶体的各向异性药型罩进行了研究,最好在爆炸时得到带有高塑性丝状的均质晶体和足够长度的聚能射流。专门制作了两批不同晶向的药型罩。

　　用两种形式的铜药型罩进行了试验研究,这两种形式的铜药型罩相互的差别如图 6.4 所示,在药型罩图(a)中晶体方向与药型罩母线垂直,而在图(b)中晶体方向沿药型罩轴线。

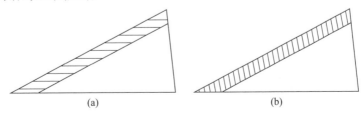

(a)　　　　　　　　　　　　(b)

图 6.4　晶粒相对于药型罩表面母线不同排列的聚能罩示意图

结果是由药型罩图6.4(a)所形成的聚能射流对障碍物最小穿透深度效果比药型罩图6.4(b)的小二分之一,这就说明药型罩材料中有序晶体的晶向有很大作用。这种结构的药型罩材料具有各向异性性能。细晶粒在聚能射流形成过程中对其拉伸时的弛豫时间短,并形成使其性能平均的短丝。大晶粒形成性能不同的长丝,热力平衡稳定后的介质性能与细晶粒介质差别很大。

例如,可以用在可冷却结晶器上凝固熔体方法制作图6.4(b)型药型罩,例如文献[4-5,11]。

凝固方法的实质是,用熔体在可冷却结晶器让空心零件形式的毛坯件增长。在这种情况下,以下列方式形成结构:由可用过冷却度调节其数量的结晶器表面上的晶核对其在放热方向,也就是说沿结晶器表面法线进行增长。同时出现下列效应:所有的晶粒都在晶向增大方向被展开;结晶线将易熔杂质挤入熔体中,这就使得对药型罩材料进行附加净化。

上述方法使得到在其所有点中都具有均匀性能的密实径向定向管状结构的零件成为可能。这个方法在金属铸造成形中是众所周知的,并在很久之前就使用了。然而,对于制作药型罩来说,这个方法还有实质性的缺陷。在成形相当大尺寸的零件时结晶面在熔体中不均匀移动,那么这个不均匀性就会引起不同尺寸的晶体增大,得到的毛坯件晶体尺寸和厚度不同,并随后需要附加机械加工。为了减小这个缺陷,建议对这个方法进行改进。一个方向的晶体增长与快速压缩同时实现,在这种情况下采用水冷却的结晶器作为成形内轮廓的阳模,而采用温度保持高于液相线温度5～10℃的可加热模具作为成形所需尺寸药型罩外轮廓的阴模。

各向异性药型罩的制作过程以下列方式实施。将所需份额的液体金属注入到已加热的阴模中,并用可冷却的结晶器——阳模运动成型零件,同时,药型罩增长面还是和以前一样,只是从结晶器方向。在温差大于1000℃的过度冷却条件下进行制作结构。例如,对于直径为42mm的铜药型罩来说,这个发生在阴模与结晶器之间总共有2mm的间隙。这就有可能得到晶体尺寸和接近图纸尺寸的几何形状均匀管状结构的药型罩毛坯件。如图6.5所示为用这种方法制作的铜药型罩横截面晶体结构。在用这种方法制作的毛坯件中排除了收缩口,机加的量最小。可通过工艺的完善使得大大减小机加量。

从传统聚能观点来看:对穿透深度与药型罩中金属晶粒度值的关系进行了大量的试验研究表明,晶粒度的增大就会灾难性地降低穿透深度[2]。各向异性药型罩中有令人惊奇的事实:晶向有序、晶粒尺寸达到厘米级,然而射流穿透深度没有降低反而增加。

制作药型罩的第二个方法是电解沉积方法,将盐溶液中金属晶体直接净尺

图 6.5　铜各向异性药型罩横剖面中的晶体结构

寸生长在锥形芯模上。为了加速沉积过程,沉积过程是在电流密度大的条件下进行,这就保障 0.4~0.5mm/h 的铜沉积速度。为了抑制在用电解沉积法制备大厚度零件时所产生的树枝晶化作用,采用在阳极与芯模之间强化压送电解液。这就有可能得到密度高的并与芯模外表面精度级相符的药型罩内腔表面纯度的药型罩。

　　这个方法优点是经济性、控制简单、潜在自动化、生产效率较高(在几个芯模上同时沉积)和所得到的药型罩质量高。在制作薄和超薄药型罩时这个方法具有特别优点。

　　这个方法的缺点是采用附加退火,以便消除晶体在生长过程中由于其相互作用而产生的应力。对于传统的可采用电解法制作双层药型罩,特别是对于在基体药型罩上沉积较薄的各向异性层药型罩,这个方法是适用的。

　　带有用上述方法和电解沉积法制作的晶体取向大的铜药型罩和铝药型罩的射孔弹对钢的穿透效果的数据如表 6.1 所列。所列出的结果带有铜药型罩的直径为 42mm 聚能射孔弹和带有铝药型罩的直径为 50mm 的聚能射孔弹的结果。

表 6.1　射孔弹对钢的穿透效果的数据

制作方法	平均穿透深度/mm	均方差/mm
1. 用车削制作的铜药型罩(各向同性药型罩)	216	6.9
2. 用第一种方法制作的铜药型罩(各向异性药型罩)	237	2.2

续表

制作方法	平均穿透深度/mm	均方差/mm
3. 用第二种方法制作的铜药型罩	243	2.1
4. 用车削制作的铝药型罩	168	5.3
5. 第一种方法制作的铝药型罩(各向异性药型罩)	217	3.0

  聚能铜药型罩晶体如图6.5所示,与对称轴线垂直的截面中晶体的几何形状用这个照片表示。药型罩的厚度为2mm,径向方向中晶体的厚度也是2mm,而沿母线的长度,晶体的长度可大或者可小。因为在变形的最终过程中由晶体得到丝,在这种情况下,初始几何形状在穿透效果方面起着作用,也许有取决于初始晶体值的某一最佳值。至少在用第二种方法制作的药型罩中晶体提供的穿透深度要比第一种方法的大。但是,在这个药型罩中晶体晶粒度看来比较小。

  对于带有各向异性铝药型罩的聚能射孔弹来说,得到了可与带各向同性铜药型罩聚能射孔弹穿透深度相比较深的穿透深度,而且穿透的孔体积要大几倍。在这种情况下,必须指出,射孔弹是在两个直径炸高上进行试验,这个炸高对于各向同性铜药型罩来说是最佳的,而对于各向异性铝和铜药型罩来说可能是很小的。

  例如,在带有柱状结构、晶粒度大于 $10\mu m$ 的铝药型罩射孔弹对靶板的穿透深度比均质细晶结构、晶粒度尺寸为 $80\mu m$ 的相同结构射孔弹对靶板的侵彻穿透深度高25%。大晶体形成了如图6.6所示的铝杆体显微磨片上可清晰看到的长丝。

  在这个图上可看到杆体结构中的晶体长丝。可以确信假定,在聚能射流中同样有长的均质丝,这些长丝赋予射流很高的力学性能,例如,对射流拉伸很大而不断裂,改变本身断裂机理等。

图6.6 大晶体各向异性药型罩铝杆体的显微结构

　　如图 6.7 所示为用直径相同,但结构不同的铜和铝射孔弹穿透中等硬度装甲的弹孔照片(比例尺相同)。铜药型罩是各向同性结构,铝药型罩是各向异性结构。由于采用药型罩的各向异性和长度,铝射孔弹形成 4.3 倍聚能射孔弹外壳直径的弹孔深度,同时,形成的孔比铜射孔弹所穿透的孔大很多。在外壳直径为 50mm,对靶板穿透深度 100mm 时,铝射孔弹的出口比铜聚能射孔弹的入口大很多。

　　为了用预先给定晶向的材料制备药型罩,可使用已知的方法,除对液体金属急剧冷却方法——液体冲压,并用液体强化冷却结晶器内型和电镀法外,对机加好的药型罩成品重结晶方法、用高频电流对透波形式的药型罩成品加热并对内结晶器强化冷却的方法及其他在工业工艺和材料物理学中正在强化研制的方法。

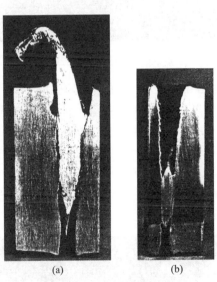

(a)　　　　　　(b)

图 6.7　带铝药型罩(a)和铜药型罩(b)的聚能射孔弹弹坑

　　可以假定,使用金属晶体中最大塑性值的各向异性药型罩是在穿透障碍物时产生最大效应的唯一工艺。

　　我们试图研究大晶体在爆轰产物对大晶体药型罩爆炸加载过程中是如何变形的。可惜,不能进行相应的三维计算试验,并且不会对这种各向异性介质进行计算。我们只能定性地,用连续的各向同性介质代替晶体的各向异性性能来研究这个过程。但是,赋予每一个两维晶体自己的颜色,这将在连续介质中把这个位置与相邻位置区分开。但是,在它们的边界上输入条件,这无疑会改变最终结果的情形。这将是特别的定性流图。这个射流的模型,给定由晶体构成的药型罩材料沿对称轴线的 z 方向速度 $v_z = 7km/s$ 和径向压缩速度 $v_r = -3\ km/s$。

如图 6.8 所示为在 0.6μs 时人为分为 4 部分的铝射流在问题对称轴线上成大于 180°压垮角轴对称碰撞时聚能射流形成装药结构图。

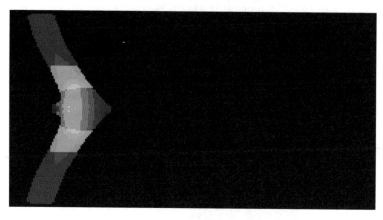

图 6.8　在过程开始后 0.6μs 时,由 4 部分构成的铝射流碰撞情况(等密度线分布图)

起爆 1.8μs 时,如图 6.9 所示,在压缩环的作用下,射流从药型罩中心部分开始相对被压缩铝药型罩的抛射轴向速度方向向后和向前被挤出。到这个时刻,外部两个环实际上没有变形并具有接近初始给定速度。包围中心红色物体的绿环开始绕流中心物体并主要压缩中心物体的左边部分、后面部分。左边部分中的压力达到 36GPa,而右边部分中的压力小一个数量级。由于这个压缩,从右边就形成最大速度为 10km/s 的凸出射流头部,从左边形成速度为 -2.642 km/s 的细射流。材料与左边的射流材料发生分离。

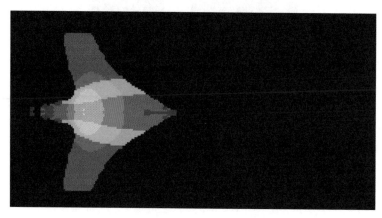

图 6.9　在 1.8μs 时材料流的形状(等密度线分布图)

　　起爆 3.0μs 时,铝药型罩的绿环包围着相当大的中心变形物体表面。用蓝颜色所标出的环向材料加入过程中。这部分药型罩材料开始变形并压缩绿环,造成左边小射流附近对称轴线上的压力未增大。压力未增大,维持在 36.57GPa 附近,同时,在射流头部压力接近零值。发生了类似于从牙膏筒挤牙膏过程的印象。在这个聚能物体后面部分中的最大压力堵塞材料进入左射流的入口,将入口向前推移。前部重聚能射流的头部最大速度依然是 10km/s,而后部射流的最大速度为 -2.6 km/s 左右。如图 6.10 所示为起爆 3μs 时的药型罩材料流,z 轴向速度 v_z 曲线图和压力曲线图。

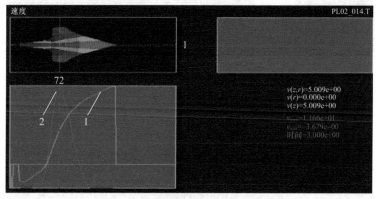

1—v_z速度曲线图；2—压力曲线图。

图 6.10　起爆 3μs 时药型罩材料流,轴向速度 v_z 曲线图和压力曲线图

　　随着时间的推移,压缩上一个绿环的蓝环同样带有后部射流边界上的最大压力进入聚能射流的形成过程,而然后最后的红色物体也加入到过程中。红色物体的最大 z 方向速度为 11.56km/s,绿色物体的最大 z 方向速度为 10km/s,蓝色物体的最大 z 方向速度为 9.548km/s,边缘的红色物体最大 z 方向速度 9.10km/s。右边射流的最大 z 方向速度等于 3.679km/s。在整个过程期间,压力的最大值位于出现对材料最大压缩的聚能射流底端。压力值为 37.18GPa。

　　为了测定对药型罩材料的压缩力,分出 -1.2 ~ -2km/s 范围内的径向压缩速度,如图 6.11 所示。在所列出的图上可看到,药型罩压缩材料最大径向压缩速度区为浅紫色。药型罩材料主要质量用于形成右边高速射流。

　　随着时间的推移,在晶体变形时每一晶体中所获得的速度梯度作用下,晶体沿聚能射流被拉伸成丝,而且沿所有物体的聚能射流截面 z 方向速度是相同的,如图 6.12 所示。因此,聚能射流物体开始以沿其截面相同速度被拉伸。但是,最主要的是:晶体没有被混合,其最大塑性和其力学性能沿 z 方向都得到保留。但是,可同样断定,这是采用晶体边界条件的结果。

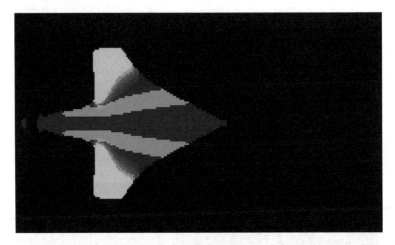

图 6.11　起爆 2.4μs 时药型罩材料流(所示云图为 −1.2 ～ −2km/s 范围内的等径向速度线)

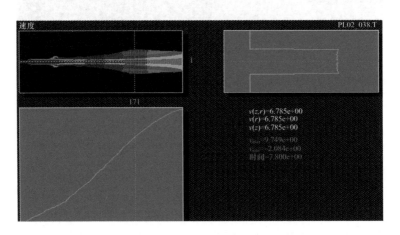

图 6.12　起爆 7.8μs 时药型罩材料流,v_z 方向速度曲线图和压力曲线图

必须注意到,在所研究的情况下,同上面所进行的模型试验中一样,在高速聚能射流中出现密度缺陷并在射流对称轴线上有位移。如图 6.13 所示为起爆 4μs 时药型罩材料流和密度分布。由所列出的 5.4μs 时射流材料沿轴向和径向的密度分布可看出,沿射流对称轴线材料密度降低。

现在研究传统聚能射孔弹的情况。如图 6.14 所示为在 0.6μs 时,人为分为 4 部分的铝射流在对称轴线上成小于 180°压垮角轴对称碰撞时聚能射流形成的装药结构图。

起爆 1.8μs 时,直径较小的右边聚能射流的速度为 17.46km/s,而直径大的左边射流的速度为 3.4km/s。绿色物体压缩红色物体,直到蓝色物体和上面红

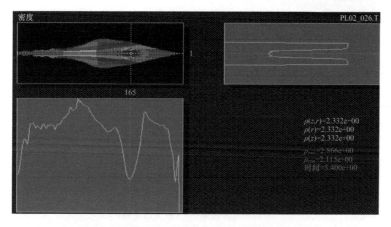

图 6.13　起爆 5.4μs 时药型罩材料流密度曲线图

图 6.14　起爆 0.6μs 时由 4 部分组成的铝射流碰撞装药结构图

色物体积极加入过程为止。绿色物体在高速聚能射流出口不远处形成 27.86GPa 的高压力,迫使绿晶体表面上的薄层流入聚能射流中,而大部分材料进入杵体,如图 6.15 所示。

到 2.6μs 时,图 6.16 用绿颜色所标出的药型罩部分材料覆盖射流形成的药型罩材料中心部分,其用红颜色标出。用蓝颜色所标出的药型罩材料部分和上面红色材料层开始运动,压缩药型罩绿色材料层并与对称轴线上的压力一起将其挤出到聚能射流表面。射流材料获得 14.33km/s 的最大速度,对称轴线上压力中心后的速度为 10km/s 左右。分出 10 ~ 14km/s 范围内 v_z 方向速度,如图 6.16所示。

观察在这个时刻药型罩是如何进行对流压缩并分出最大径向 v_r 速度。最大径向速度处在 − 1.1 ~ − 2.6 km/s 范围(图 6.17)。

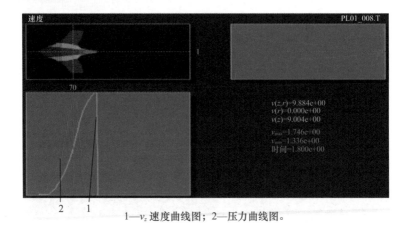

1—v_z 速度曲线图；2—压力曲线图。

图 6.15　起爆 1.8μs 时的药型罩材料流，v_z 方向速度曲线图和压力曲线图

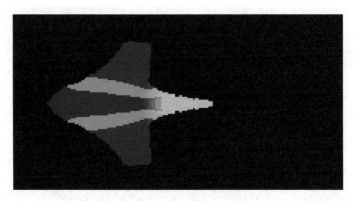

图 6.16　起爆 2.6μs 时的药型罩材料流(10~14km/s
范围内的等 v_z 方向速度线分布图)

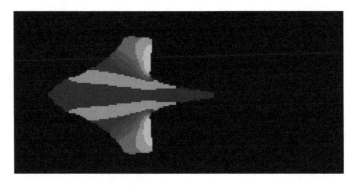

图 6.17　起爆 2.6μs 时的药型罩材料流(-1.1~ -2.6km/s
范围内的等径向速度线分布图)

从图 6.18 上可看到在这个时刻用红颜色所标出的并对蓝颜色和绿颜色所标出的药型罩部分压缩很厉害的药型罩外部的作用和聚能射流中接近药型罩内表面的流动区。

在起爆 4.8μs 时,在聚能射流中心红色部分上最初加上绿色材料,然后是加上蓝色材料,最后再加上外部红色材料。如图 6.18 所示为射流中的密度分布。与模型试验中的图 6.3 相同,射流和杵体中有不密实性。

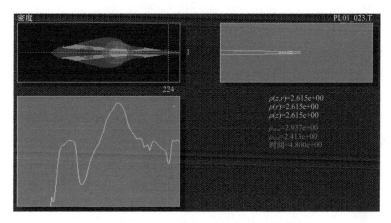

图 6.18　起爆 4.8μs 时的药型罩材料流和密度曲线图

在对称轴线上可看到射流和杵体的材料密度降低量。射流中的材料最小密度为 2.613g/cm^3。杵体材料中密度值减小比较大,而在体积范围内减小的区域是比较大的。杵体材料中的最小密度为 2.515g/cm^3。射流中材料的最大密度为 2.9g/cm^3。但是,正如所了解的那样,在聚能射流形成过程中,射流和杵体中材料密度的降低就会消失,并随着时刻的推移会再次产生。

到 7.2μs 时,聚能射流完全超出了计算场范围,剩下的只是杵体,这个杵体带有在其速度梯度作用下被拉长的材料同心层,如图 6.19 所示。

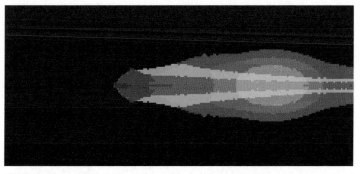

图 6.19　起爆 7.2μs 时药型罩材料流

　　这样一来,就看到在第一种和第二种情况下沿聚能射流中心轴向部分形成材料层。但是,在第一种情况下,在超聚能方式形成射流时,聚能射流具有相当大的速度梯度和很大的质量,这个质量最终形成由丝、高塑性和高强度晶体组成的各向异性物体。

　　可惜,由这个数值结果仅可得到特别的定性模型结论。如果解决了爆炸时收集或再处理用超聚能方式形成的包含药型罩所有质量的聚能射流问题,就可得到用在技术装备的各向异性材料。在带有各向异性药型罩的传统聚能射孔弹情况下,通过从对称轴线上的杵体中心切割在断裂试验机研究材料所用的微型试件的途径对塑性进行了直接测量试验。试验表明,杵体对称轴线上的材料具有很大的塑性。譬如说,初始材料中各向同性铜通常具有不超过 50% 的塑性,而从杵体中心沿对称轴线切割下的各向异性铜试件的塑性不小于 70%。

　　此外,在所取的用来试验的试件中,杵体中的材料流与对称轴线有某些角度,这就影响了塑性值的减小。这样一来,就有在聚能射流方向将各向异性铜的塑性增大到 140% 的直接试验证明。晶体中塑性的增大最大可达到 150%[6]。考虑到杵体中材料流,这个重合完全证实各向异性在穿透障碍物时的作用。

　　除了铜外,作为药型罩材料使用的铝和钢[7],也许还有锌也引起特别关注,特别是净化得很好的铝。就气体动力学特性而言,铝在传输炸药能量方面比所有的材料协调都好。正如前面所提到的那样,用试验成功地使带有铝各向异性药型罩的聚能射孔弹穿透深度接近同直径(沿炸药直径测量时)但长度不同的带有铜各向同性药型罩的射孔弹穿透深度。

　　考虑到试验是在相同的条件下在各向同性铜为最佳炸高时(对于各向异性材料来说也许这个距离是很小的,因为它们可能被拉伸得很长)进行的,就可预料到,大炸高铝射流的穿透深度实际上可能不小于,而且可能还大于各向同性铜聚能射流的穿透深度。这听起来好像违背了聚能理论(但是没有违反守恒定律)。由于采用各向异性药型罩,并考虑到铝的几何形状(药型罩的长度大)和铝的气体动力学特性,考虑到转入射流的铝体积和塑性的增大,吸引到聚能流中的铝质量只不过是增大了聚能射流的长度,而穿透深度是与射流的长度成比例的。目前,能够大大增大超聚能过程中的聚能射流质量时,用铝聚能射流穿透障碍物的过程就变得特别有意义。

　　当由于受压缩材料速度矢量的径向分量而产生的高压力形式的势能被自由表面所反射的冲击波转化为所形成射流的动能时,射流形成区域可能就成为各向异性药型罩很敏感的区域。在所有气体动力学值变成张量和矢量的情况下,就很难预测出晶体的性状。也许,这就有可能不要附加物体的作用就能增大聚能射流的最大速度,也就是说增大射流的长度并提高穿透深度或提出新问题。目前我们拥有铝射流增大穿透深度的事实,还拥有大直径的入口和出口。

聚能射流形成的各向异性药型罩的物理观点需要用解析方法和试验方法专门研究。

铝在聚能射孔弹药型罩中有较大的应用前景,聚能射孔弹中铝药型罩形成的聚能侵彻体具有长度大,杵体较小,侵彻时不易形成杵堵。可作为大侵彻入孔侵彻弹药型罩材料。

钢具有铜与铝之间的材料平均密度,但是将钢用于实际应用多次尝试都没有成功。

试验表明,钢的聚能射流会遭到破坏并不像纯铜射流那样拉得很长[2]。我们已提出了最大除去钢中的杂质,特别是除去氧气和氮气的目标[7]。

已研制出了这类钢[7]。精炼是借助真空 – 电弧再熔炼进行的,以便除去氧气(约 0.0039%)和氮气(约 0.0033%)(钢的商标为 005ЖР – ВП)。为了比较 005ЖР – ВП 钢聚能射流的塑性,选取了工业熔炼的金属 008ЖР 和 20 钢。

借助示踪流方法对不同牌号的钢射流速度特性和塑性特性进行了测量[8]。研究是用直径为 39mm 的试验室用圆柱形聚能射孔弹进行的,采用了锥角为 52°,检测点中壁厚度为 0.7 ~ 1.3mm 和底端直径为 37mm 的药型罩。在确定的截面中药型罩内表面涂了钨膏标记。根据示踪流方法的每一金属 X 射线照片确定了钢聚能射流的极限延伸率。得到的结果是,005ЖР ВП 牌号的精炼钢视牌号的改性而定的极限延伸率为 11.3 ~ 13,而 20 钢的极限延伸率只有 8。

因此,钢的纯化从为提高钢在聚能爆炸时的塑性到实际上达到了纯铜的塑性。用与聚能射流中所采用的铜相同的程度对钢中杂质净化就会使钢的性能在聚能过程中接近铜。考虑到钢的气体动力学参数,那么在采用钢各向异性药型罩时,钢就可以与铜药型罩相比较或者超过它。

锌这类材料可也作为药型罩材料,其射流成形与其他材料药型罩成形无明显区别。根据 Donald R. Kennedy[9]资料,他制作了带锌药型罩鱼雷所用的聚能射孔弹,它们穿透了超过射孔弹 7 倍直径的钢。考虑到这种药型罩直径很大,只能用金属铸型铸造制作,那么不排除这就是各向异性药型罩。我们认为,应对这个材料同样特别注意。这个材料的密度是钢与铝的中间密度,它的熔点小,工艺性好。

各向异性药型罩对于在聚能中使用合金也具有意义。用纯金属制作药型罩的各向异性过程也可适用于将大量的各种不同金属合金用作药型罩材料。在这种情况下,由于工艺中独特的对称性和材料的结晶性能,一些晶向的晶体将使对这类衬管的压缩过程对称化,因而压缩过程发生时稳定性丧失最小。可以假定,由于晶体中导热性、塑性和其他属性矢量的共线直射,尽管合金晶体复杂,在工艺中晶体主要在高导热性方向中的增长就自动保障这个方向中的高塑性。实际上这对于设计师为争取射孔弹效率而采用重质合金的油井射孔系统来说是重要的。我们用硅铝明合金制作药型罩的试验证实了合金在聚能过程中的应用可能性。

对带有极脆铝合金－硅铝明合金各向异性药型罩聚能射孔弹的试验研究表明,对靶板的穿透深度与带有各向同性力学性能纯铝药型罩的射孔弹穿透深度相等。在这种情况下,聚能射孔弹药型罩的制作实际上是,在对药型罩压缩时实现了高对称性,这样杆体轴线上发现了直径为 1mm 左右的一个理想通孔(在采用直径为 50mm 射孔弹的条件下)。

研究表明,可利用与衬管材料中所包含的晶体某一晶向相关的初始各向异性特性改变用爆炸工艺所得到的产物性能,这就给我们提供了一个控制聚能过程的参数。这可能会急剧扩大实际应用领域,特别是在爆炸设计各种不同系统和制品时,而在制作时用晶体初始转向可改变射流的性能,例如射流的塑性和强度。

看来,可在组合式射孔弹和单个射孔弹中使用这一点在旋转射孔弹和其他许多情况下分离射流,减小速度梯度以保持射流稳定性。例如,在由半球形药型罩得到射流时,可沿药型罩半径给定的不同塑性特性,这就会提供由这种药型罩所得到的聚能射流的塑性流和强度特性。毫无疑义,材料的各向异性能够从实质上影响爆炸焊接过程并既可提供实际应用中的新结果。

因此,采用各向异性使我们走出了连续介质的各向同性材料领域,进入到晶体材料在爆炸聚能结构中新的实际应用的各向异性介质领域。

从经济和工艺观点来看,同样出现实质性的进步——结构的成本降低。工艺变得更简单和更廉价。各向异性药型罩的制作工艺既可用于单独试验的研究中,也可用于大规模的生产中。当然,对于大规模生产来说,应制造相应的设备。

关于各向异性药型罩的缺点,应指出无任何一种简单的既能满意说明爆炸时各向异性材料运动过程,也能满意说明爆炸结果所得到的产物性能的数学描述。考虑到现代计算技术的发展,这个复杂性可毫无疑义被克服。工艺本身已经可用某一近似法来说明,因为金属的冷冻过程早已开始研究。

到目前为止,聚能过程中的各向异性材料和它们的实验室制作工艺都已研制好,而且上面所提供的事实已在实验室条件下,部分在实物条件下得到检验。

6.1 聚能过程中所采用的复合材料

在油井中所使用的聚能射孔弹材料不应堵塞油井空间,而且在对含产物层射孔时不应潜入到所形成的孔中和破坏外界与油井的流体动力学联系。为此,采用非晶体材料,例如,采用由玻璃制作的聚能射孔弹外壳、由金属粉末和其他物质混合物压制的装置及不同零件混合的其他结构。可用粉末材料制作在爆炸后破碎的波形控制器、辅助药型罩和许多其他结构。

非常可惜,在借助计算技术研究爆炸过程时,由于缺少各种不同物质混合物所用的可靠的状态方程,用各种不同性能金属粉末或金属与塑料混合物,或者含空气 – 多孔物质制作结构零件就遇到相当大的困难。

在由具有各种不同状态方程的粉末与不同尺寸或相同尺寸物质粒子组成的这种介质中,冲击波,或者爆轰波通过介质时,介质面中的热力学平衡就被破坏。不但如此,一切变得更加复杂。如果是金属粒子和炸药的混合物,那么,在对它们冲击压缩时,炸药就开始转化为气体,而金属,甚至是磨得很细的金属不转化为气体,因而在多数情况下不参与使热力学平衡稳定的化学反应。在其他情况下,会发生在已经附加有金属粒子和爆轰气态产物的热力学平衡稳定过程中考虑化学反应的动力学,这使系统进入热力学平衡的过程变得更加复杂。因此,由于介质中的过程不平衡性,建立可用来研究爆炸过程的这种两相连续介质模型的尝试看来是不可能的。

对放置在炸药圆柱形药柱对称轴线上的金属球形粒子与爆炸产物相互作用进行计算并观察金属粒子的几何形状,表征温度、速度特性和几何参数的单位内能。选取大金属粒子。钢和钨粒子的半径为 1mm,解算帧之间的时间为 $0.05\mu s$,不带外壳的射孔弹直径为 20mm,长度为 40mm,如图 6.20 所示。

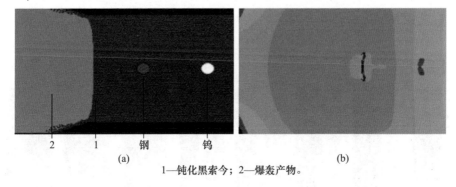

1—钝化黑索今; 2—爆轰产物。

图 6.20 装药结构图(a)和 $7.8\mu s$ 时刻钢珠和钨珠的变形(b)

以放置在黑索今中的单独钢粒子和钨粒子为例子,在由炸药和金属粒子组成的介质中热力学平衡稳定性机理如图6.21(a)~(d)所示。在爆轰波通过半径为1mm小珠时,形成冲击波,其传播如表6.2所列。如图6.21(a)所示为沿对称轴的单位内能状态和v_z方向速度。小珠是冷的,它的内能曲线是最小的。爆轰产物和小珠的z方向速度有实质性的不同。小珠实际上停在原地。在这种介质的热力学平衡状态中,速度应是相同的。

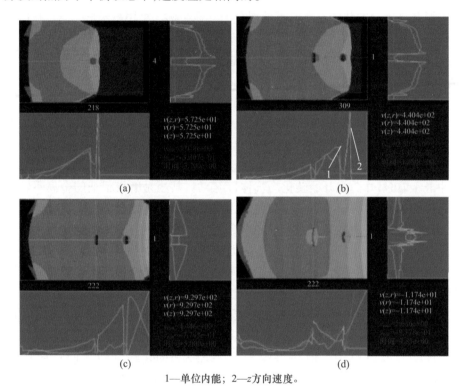

1—单位内能; 2—z方向速度。

图6.21　在2.7μs(a)、3.05μs(b)、5.0μs(c)和7.85μs(d)时的炸药爆轰产物与
不同材料的金属小珠相互作用过程

表6.2　在爆炸的黑索今中冲击波通过半径为1mm的钢珠(帧之间的时间为0.05μs)

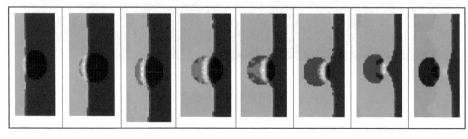

在 $3.05\mu s$ 时刻,爆轰波通过了钨珠,于是钨珠同样得到了炸药爆轰产物的部分能量并以小速度运动。用未考虑强度力的流体动力近似计算法来研究过程。在爆轰波通过时所得到的冲量差作用下,钢珠开始变形,因而它的 v_z 方向速度增大。

爆轰波阵面的宽度接近在这种连续介质中的过程弛豫时间。在这里平衡的稳定过程已经拖延超过 $5\mu s$,而且有时还没有完结,因为爆轰产物已经开始变冷,而金属还在破裂并变成热的。

在炸药药柱爆炸早已结束的 $5\mu s$ 时,在金属粒子中进行着旨在稳定热力平衡的过程。粒子的温度增大,破碎粒子的变形增大,而在爆轰产物中发生冷却,密度降低。爆轰产物和金属中的过程反相发生。图 6.21(c) ~ (d)演示出这一点。可以认为,建立可用许多方法解决问题的两种、三种组分连续介质模型将是非常复杂的。

应将这种介质作为不平衡介质计算,研究爆炸过程中介质各组分的物理相互作用。但是,在现在情况下甚至只不过增大热力平衡时间对于实践可能是很有益的,因为在这个过程,由于在这种情况下所产生的第二个黏性,很大部分能量被利用为热。但是比较重要的是这些材料的弛豫时间长,在过程开始这种材料的性能取决于静态参数,这一参数过某一时间就会发生实质性变化并变成另外的参数。在快速进行的爆炸期间,这些材料起初能够履行自己的功能并很结实,而然后在力图达到平衡状态后就主动碎裂,从而不使对油井壁的作用复杂化。例如,这可能就是射孔弹外壳或波形控制器,或者爆炸系统装置。

在爆炸时,这种结构将保障其功能、爆炸充分性和压力的自己固有的静态性能保持某一时间。但是,在聚能射流形成后的弛豫时间足够长时,外壳的材料力图达到热力平衡状态,其中处在大压力下的半活性材料就转化为气体,用这个物质黏合的金属或矿物粉末就飞散。这种介质中的冲击波阵面宽度接近弛豫时间,弛豫时间可能会异常长,或者为完成所需目的,可使它异常长。当然,这很少涉及能提供使用这个结构最大效应的材料制作的药型罩。但是,例如,在并串联式装置中,或者是在消除压缩时不稳定性所用的附加药型罩中,这些材料既可利用这个半活性辅助药型罩转化时所释放出的附加能量,也可利用最佳选择这个药型罩的性能和消除药型罩飞散后油井与含产物层流体动力学交换的障碍来提高油井射孔的效率[5,11]。

缺少计算这种弛豫时间长的混合物体的可能性就从实质上影响着对许多实际问题的解决。目前剩下一个途径——试验研究弛豫过程。同时,迫切需要在爆炸物理过程中计算这些介质。

着重分析在作为功能装置(外壳、爆炸系统的零件和其他辅助系统)在聚能装置中使用后通过碎裂成细粒子而消除的射孔弹某些结构零件。可用中性物质、火药和炸药混合物制作这些结构零件。这就产生一个问题,如何在机器制造工艺中采用炸药。

的确,在这种工艺中采用感度高的炸药是令人怀疑的,但是可采用仅在很高压力条件下开始分解的物质。例如,硝化纤维素,氮含量达13%的弱棉炸药,而氮含量达12%的赛璐珞安全物质,用它制作儿童玩具。但是,它的组成中有足够的氧和燃料,并在高压条件下实际上完全分解。赛璐珞是首次在旋转并串联式聚能射孔弹中采用,来减小铜主药型罩与钢辅助药型罩相互作用过程的,这种射孔弹对障碍物的穿透不取决于旋转。赛璐珞在丙酮中溶解得很好。可用这个溶液浸渍由所需物质制作的混合物零件,或者在制作零件时采用赛璐珞粉末,使它同时具有在大压力条件下的爆炸性能和用粉末压制不同零件时的塑料性能[5]。可用敏感度低的炸药和火药对所成形的粉末制品进行浸渍。当然,在浸渍的情况下,弛豫过程变得还更复杂,因为给两种物质添加了能够从实质上改变新产物性能的第三种物质——空气,应当考虑到这一点。

不但如此,还可简化这种零件的制作,例如,采用赛璐珞作为结构中的黏合剂,绕过在用炸药对零件浸渍前对粉末制品的烧结阶段,这就减小制品的造价并简化这种制品的制作工艺。

这不仅是结构属性的材料,还可用于功能装置。例如,用于串联式聚能射孔弹中的延迟装置。在延迟装置中需要的介质不仅具有很小的能量传播速度,而且不允许能量在这个介质中衰减,因为必须保障随后的射孔弹爆炸。对此,可采用与附加释放的能量发生化学反应的另一个不平衡介质。

计算表明,在由钝化金属和炸药组成的物质中,爆炸后它们会发生分离并转化为粉末。可用浸渍有赛璐珞的钢金属陶瓷制作的药型罩形成聚能射流的例子来证明在这种不平衡介质中所发生的过程。

采用钢粉末制作药型罩。使用了用筛子筛出的小于$50\mu m$的粉末粒级。药型罩用压制毛坯件并随后车削制作。采用预先用丙酮溶解的赛璐珞作为填料。如图6.22所示为含20%填料的这种材料显微切片的微观结构。填料物质(深色颗粒)均匀分布在材料体积中。药型罩的壁厚度为1.2mm。

如图6.23所示为24.5μs时的聚能射流和杵体的X射线照片及99.9μs时刻的杵体状态。从这个图可看出,在这种介质中,在药型罩材料冲击波阵面后面没有热力平衡。可看到的聚能射流平均密度渐渐减小。聚能射流头部底端的密度也在减小。这说明,爆轰产物和粒子具有不同的密度值和速度值。射流由沿一个轨迹运动的单个独立的粒子组成。飞行中粒子之间的距离由于沿聚能射流

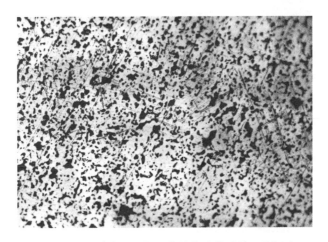

图 6.22　由带赛璐珞钢粉末制作的药型罩显微切片

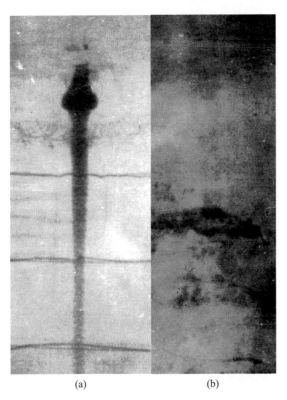

(a)　　　　　　　　　(b)

图 6.23　24.5μs 时(a)复合材料聚能射流飞行的 X 射线照片和 99.9μs
时(b)的杆体残留物 X 射线照片

的粒子速度梯度存在而增大。聚能射流的速度从其头部的 7.2km/s 变化到尾部的 1.4km/s。

杵体和聚能射流材料的飞散在很大程度上取决于混合物中赛璐珞的浓度。譬如说,在材料中赛璐珞数量超过 60% 时,就发生杵体以大速度飞散。在 30 ~ 35μs 内杵体消失,但是在这种情况下不形成射流。在药型罩材料中填料含量为 20% ~50% 时,形成由单个钢粉粒子构成的飞散杵体和聚能射流。

聚能射流飞散的最大速度大约为 210m/s。在 200μs 内可看到的杵体密度减小了大约 19/20。因此,当材料未被压缩,而且在爆炸后膨胀时,可以根据混合物中赛璐珞的浓度在不同结构中,其中包括在外壳结构中使用这个材料。在赛璐珞浓度大的条件下,在冲击波通过赛璐珞后,赛璐珞也还将工作。

这样一来,关于弛豫材料飞散的定性试验就被这个试验所证实。

参 考 文 献

1. В. Сибрук. Роберт Вуд［Текст］/В. Сибрук – М. :Физико – математическая литература. – 1977. – 198с.

2. Физика взрыва［Текст］/под редакцией Л. П. Орленко – М. :Физматлит,2004. – т. 2. – 656с.

3. Мозеберг Р. К. Материаловедение［Текст］/Р. К. Мозеберг – М. :Высшая школа. – 1991. – 448с.

4. Валандин Г. Ф. Литье намораживанием［Текст］/Г. Ф. Валандин – М. :Машгиз. – 1962. – 262с.

5. Патент 2412338 Российская Федерация, МПК Е43/117, F42B1/02. Способ и устройство（варианты） формирования высокоскоростных кумулятивных струй для перфорации скважин с глубокими незапестованными каналами и с большим диаметром［Текст］/Минин В. Ф. , Минин И. В. , Минин О. В. ; заявл. 07. 12. 2009; опубл. 20. 02. 2011 ,Вюл. №5. – 46с.

6. Физический энциклопедический словарь ［ Текст ］/под ред. В. А. Введенского, М. : Советская энциклопедия – т. 2. – 1962. – 608с.

7. Положительное решение о выдаче Патента РФ на изобретение по заявке № 2012107107/11, МПК F42B 1/032, E21B 43/116, Материал облицовки кумулятивного заряда на основе металла［Текст］/ Минин В. Ф. , Минин И. В. , Минин О. В.

8. Гидродинамика высоких плотностей энергии［Текст］/Новосибирск :изд – во Ин – та гидродинамики им. М. А. Лаврентьева СО РАН. – 2004. – с. 536 – 545.

9. Donald R. Kennedy. History of the shaped charge effect. The first 100 years［Текст］/Donald R. Kennedy. MBB Schorbenhausen ,West Germany. – 1983. – 130 p.

10. Врагунцов Е. Я. Разработка самоликвидирующихся импакторов ,предназначенных для уничтожения космического мусора［Текст］/Е. Я. Врагунцов. Лаврентьевские чтения по математике, механике и физике. Новосибирск ,27 – 31 мая ,2005. – 176с.

11. Минин В. Ф. Физика гиперкумуляции и комбинированных кумулятивных зарядов［Текст］/В. Ф. Минин , И. В. Минин ,О. В. Минин //Газовая и волновая динамика – 2013. – Выпуск 5 ,с. 281 – 316.